冰冻圈科学丛书

总主编：秦大河

副总主编：姚檀栋　丁永建　任贾文

行星冰冻圈

胡永云　杨　军　等 编著

科学出版社

北　京

内 容 简 介

冰冻圈不仅是地球气候系统的一个重要圈层，也是其他行星气候系统的一个重要圈层。本书系统介绍太阳系行星和太阳系外行星的冰冻圈及其在行星气候系统中的重要作用。地球冰冻圈在地球长达46亿年的演化历史中具有不同的特征。因此，本书首先介绍地球历史气候演化中的几次重大的全球性冰期事件；其次介绍太阳系的形成以及太阳系水分的来源和分布；再次介绍行星冰冻圈探测技术；最后简要介绍目前已确认的太阳系外行星、可能的宜居行星及其冰冻圈特征，这对寻找宜居行星和地外生命具有重要的科学意义。对行星冰冻圈的研究将进一步加深对地球冰冻圈的理解。

本书可供气候、地理、地质和物理等领域有关科研和技术人员、大专院校相关专业师生使用和参考。

审图号：GS（2021）1296号

图书在版编目（CIP）数据

行星冰冻圈/胡永云等编著. —北京：科学出版社，2021.11

（冰冻圈科学丛书 / 秦大河总主编）

ISBN 978-7-03-070396-5

Ⅰ. ①行… Ⅱ. ①胡… Ⅲ. ①行星–冰川学 Ⅳ. ①P343.6②P185

中国版本图书馆CIP数据核字（2021）第219539号

责任编辑：杨帅英 白 丹/责任校对：何艳萍

责任印制：吴兆东/封面设计：图阅社

科 学 出 版 社 出版

北京东黄城根北街16号

邮政编码：100717

http://www.sciencep.com

北京建宏印刷有限公司 印刷

科学出版社发行 各地新华书店经销

*

2021年11月第 一 版 开本：787×1092 1/16

2022年 8 月第二次印刷 印张：10 1/2

字数：249 000

定价：68.00元

（如有印装质量问题，我社负责调换）

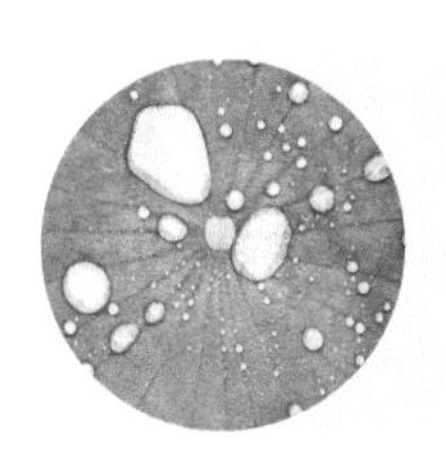

“冰冻圈科学丛书”编委会

总 主 编：秦大河　中国气象局/中国科学院西北生态环境资源研究院

副总主编：姚檀栋　中国科学院青藏高原研究所

丁永建　中国科学院西北生态环境资源研究院

任贾文　中国科学院西北生态环境资源研究院

编　　委：（按姓氏汉语拼音排序）

陈　拓　中国科学院西北生态环境资源研究院

胡永云　北京大学

康世昌　中国科学院西北生态环境资源研究院

李　新　中国科学院青藏高原研究所

刘时银　云南大学

王根绪　中国科学院、水利部成都山地灾害与环境研究所

王宁练　西北大学

温家洪　上海师范大学

吴青柏　中国科学院西北生态环境资源研究院

效存德　北京师范大学

周尚哲　华南师范大学

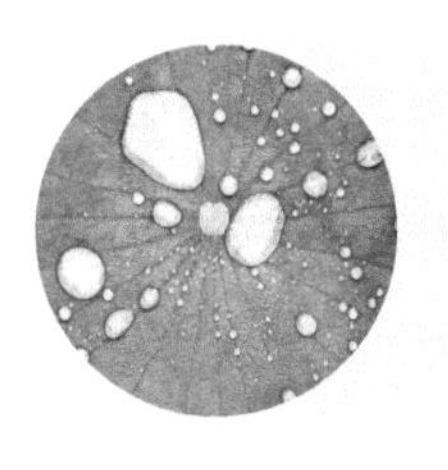

本书编写组

主　　编：胡永云

副 主 编：杨　军

主要作者：潘　路　刘永岗　法文哲

魏　强

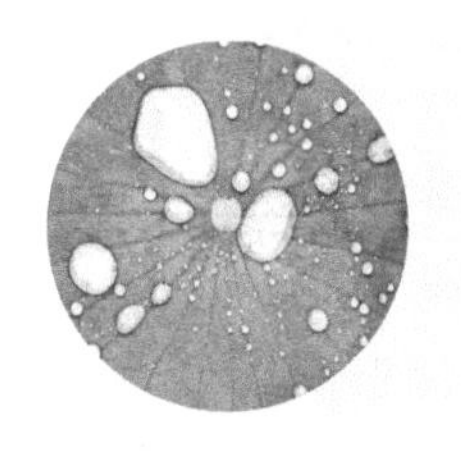

丛书总序

习近平总书记提出构建人类命运共同体的重要理念，这是全球治理的中国方案，得到世界各国的积极响应。在这一理念的指引下，中国在应对气候变化、粮食安全、水资源保护等人类社会共同面临的重大命题中发挥了越来越重要的作用。在生态环境变化中，作为地球表层连续分布并具有一定厚度的负温圈层，冰冻圈成为气候系统的一个特殊圈层，涵盖冰川、积雪和冻土等地球表层的冰冻部分。冰冻圈储存着全球77%的淡水资源，是陆地上最大的淡水资源库，也被称为“地球上的固体水库”。

冰冻圈与大气圈、水圈、岩石圈及生物圈并列为气候系统的五大圈层。科学研究表明，在受气候变化影响的诸环境系统中，冰冻圈变化首当其冲，是全球变化最快速、最显著、最具指示性，也是对气候系统影响最直接、最敏感的圈层，被认为是气候系统多圈层相互作用的核心纽带和关键性因素之一。随着气候变暖，冰冻圈的变化及对海平面、气候、生态、淡水资源以及碳循环的影响，已经成为国际社会广泛关注的热点和科学研究的前沿领域。尤其是进入21世纪以来，在国际社会推动下，冰冻圈研究发展尤为迅速。2000年世界气候研究计划（WCRP）推出了气候与冰冻圈计划（CliC）。2007年，鉴于冰冻圈科学在全球变化中的重要作用，国际大地测量和地球物理学联合会（IUGG）专门增设了国际冰冻圈科学协会（IACS），这是其成立80多年来史无前例的决定。

中国的冰川是亚洲十多条大江大河的发源地，直接或间接影响下游十几个国家逾20亿人口的生计。特别是以青藏高原为主体的冰冻圈是中低纬度冰冻圈最发育的地区，是我国重要的生态安全屏障和战略资源储备基地，对我国气候、生态、水文、灾害等具有广泛影响，其又被称为“亚洲水塔”和“地球第三极”。

中国政府和中国科研机构一直以来高度重视冰冻圈的研究。早在1961年，中国科学院就成立了从事冰川学观测研究的国家级野外台站——天山冰川观测试验站。1970年开始，中国科学院组织开展了我国第一次冰川资源调查，编制了《中国冰川目录》，建立了中国冰川信息系统数据库。1973年，中国科学院青藏高原第一次综合科学考察队成立，拉开了对青藏高原进行大规模综合科学考察的序幕。这是人类历史上第一次全面地、系统地对青藏高原进行科学考察。2007年3月，我国成立了冰冻圈科学国家重点实验室，其是国际上第一个以冰冻圈科学命名的研究机构。2017 年 8 月，时隔四十余年，中国科学院启动了第二次青藏高原综合科学考察研究，习近平总书记专门致贺信勉励科学考察研究队。此后，中国科学院还启动了“第三极”国际大科学计划，支持全球科学家共同研究好、守护好世界上最后一方净土。

当前，冰冻圈研究主要沿着两条主线并行前进：一是深化对冰冻圈与气候系统之间相互作用的物理过程与反馈机制的理解，主要是评估和量化过去和未来气候变化对冰冻圈各分量的影响；二是以“冰冻圈科学”为核心，着力推动冰冻圈科学向体系化方向发展。以秦大河院士为首的中国科学家团队抓住了国际冰冻圈科学发展的大势，在冰冻圈科学体系化建设方面走在了国际前列，“冰冻圈科学丛书”的出版就是重要标志。这一丛书认真梳理了国内外科学发展趋势，系统总结了冰冻圈研究进展，综合分析了冰冻圈自身过程、机理及其与其他圈层相互作用关系，深入解析了冰冻圈科学内涵和外延，体系化构建了冰冻圈科学理论和方法。丛书以“冰冻圈变化—影响—适应”为主线，包括自然和人文相关领域，内容涵盖冰冻圈物理、化学、地理、气候、水文、生物和微生物、环境、第四纪、工程、灾害、人文、地缘、遥感以及行星冰冻圈等相关学科领域，是目前世界上最全面、系统的冰冻圈科学丛书。这一丛书的出版不仅凝聚着中国冰冻圈人的智慧、心血和汗水，也标志着中国科学家已经将冰冻圈科学提升到学科体系化、理论系统化、知识教材化的新高度。在丛书即将付梓之际，我为中国科学家取得的这一系统性成果感到由衷的高兴！衷心期待以丛书出版为契机，推动冰冻圈研究持续深化、产出更多重要成果，为保护人类共同的家园——地球，做出更大贡献。

白春礼

白春礼院士

“一带一路”国际科学组织联盟主席

2019 年 10 月于北京

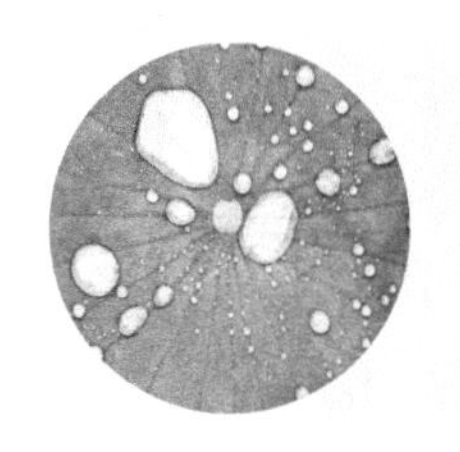

丛书自序

虽然科研界之前已经有了一些调查和研究，但系统和有组织地对冰川、冻土、积雪等中国冰冻圈主要组成要素的调查和研究是从 20 世纪 50 年代国家大规模经济建设时期开始的。为满足国家经济社会发展建设的需求，1958 年中国科学院组织了祁连山现代冰川考察，初衷是向祁连山索要冰雪融水资源，满足河西走廊农业灌溉的要求。之后，青藏公路如何安全通过高原的多年冻土区，如何应对天山山区公路的冬春季节积雪、雪崩和吹雪造成的灾害，等等，一系列亟待解决的冰冻圈科技问题摆在了中国建设者的面前。来自四面八方的年轻科学家齐聚在皋兰山下、黄河之畔的兰州，忘我地投身于研究，却发现大家对冰川、冻土、积雪组成的冰冷世界知之不多，认识不够。中国冰冻圈科学研究就是在这样的背景下，踏上了它六十余载的艰辛求索之路！

20 世纪 70 年代末期，我国冰冻圈研究在观测试验、形成演化、分区分类、空间分布等方面取得显著进步，积累了大量科学数据，科学认知大大提高。20 世纪 80 年代以后，随着中国的改革开放，科学研究重新得到重视，冰川、冻土、积雪研究也驶入发展的快车道，针对冰冻圈组成要素形成演化的过程、机理研究，基于小流域的观测试验及理论等取得重要进展，研究区域也从中国西部扩展到南极和北极地区，同时实验室建设、遥感技术应用等方法和手段也有了长足发展，中国的冰冻圈研究实现了与国际接轨，研究工作进入了平稳、快速的发展阶段。

21 世纪以来，随着全球气候变暖进一步显现，冰冻圈研究受到科学界和社会的高度关注，同时，冰冻圈变化及其带来的一系列科技和经济社会问题也引起了人们广泛注意。在深化对冰冻圈自身机理、过程认识的同时，人们更加关注冰冻圈与气候系统其他圈层之间的相互作用及其效应。在研究冰冻圈与气候相互作用的同时，联系可持续发展，在冰冻圈变化与生物多样性、海洋、土地、淡水资源、极端事件、基础设施、大型工程、城市、文化旅游乃至地缘政治等关键问题上展开研究，拉开了建设冰冻圈科学学科体系的帷幕。

冰冻圈的概念是 20 世纪 70 年代提出的，科学家从气候系统的视角，认识到冰冻圈对全球变化的特殊作用。但真正将冰冻圈提升到国际科学视野始于 2000 年启动的世界气候研究计划——气候与冰冻圈计划，该计划将冰川（含山地冰川、南极冰盖、格陵兰冰盖和其他小冰帽）、积雪、冻土（含多年冻土和季节冻土），以及海冰、冰架、冰山、海底多年冻土和大气圈中冻结状的水体视为一个整体，即冰冻圈，首次将冰冻圈列为组成气候系统的五大圈层之一，展开系统研究。2007 年 7 月，在意大利佩鲁贾举行的第 24 届国际大地测量与地球物理学联合会上，原来在国际水文科学协会（IAHS）下设的国际雪冰科学委员会（ICSI）被提升为国际冰冻圈科学协会，升格为一级学科。这是 IUGG 成立 80 多年来唯一的一次机构变化。“冰冻圈科学”（cryospheric science, CS）这一术语始见于国际计划。

在 IACS 成立之前，国际社会还在探讨冰冻圈科学未来方向之际，中国科学院于 2007 年 3 月在兰州成立了世界上第一个以“冰冻圈科学”命名的“冰冻圈科学国家重点实验室”，同年 7 月又启动了国家重点基础研究发展计划（“973”计划）项目——“我国冰冻圈动态过程及其对气候、水文和生态的影响机理与适应对策”。中国命名“冰冻圈科学”研究实体比 IACS 早，在冰冻圈科学学科体系化方面也率先迈出了实质性步伐，又针对冰冻圈变化对气候、水文、生态和可持续发展等方面的影响及其适应展开研究，创新性地提出了冰冻圈科学的理论体系及学科构成。中国科学家不仅关注冰冻圈自身的变化，更关注这一变化产生的系列影响。2013 年启动的国家重点基础研究发展计划 A 类项目（超级“973”）“冰冻圈变化及其影响”，进一步梳理国内外科学发展动态和趋势，明确了冰冻圈科学的核心脉络，即变化—影响—适应，构建了冰冻圈科学的整体框架——冰冻圈科学树。在同一时段里，中国科学家 2007 年开始构思，从 2010 年起先后组织了 60 多位专家学者，召开 8 次研讨会，于 2012 年完成出版了《英汉冰冻圈科学词汇》，2014 年出版了《冰冻圈科学辞典》，匡正了冰冻圈科学的定义、内涵和科学术语，完成了冰冻圈科学奠基性工作。2014 年冰冻圈科学学科体系化建设进入一个新阶段，2017 年出版的《冰冻圈科学概论》（其英文版将于 2021 年出版）中，进一步厘清了冰冻圈科学的概念、主导思想、学科主线。在此基础上，2018 年发表的 *Cryosphere Science: research framework and disciplinary system* 科学论文，对冰冻圈科学的概念、内涵和外延、研究框架、理论基础、学科组成及未来方向等以英文形式进行了系统阐述，中国科学家的思想正式走向国际。2018 年，由国家自然科学基金委员会和中国科学院学部联合资助的国家科学思想库——《中国学科发展战略 • 冰冻圈科学》出版发行，《中国冰冻圈全图》也在不久前交付出版印刷。此外，国家自然科学基金 2017 年重大项目“冰冻圈服务功能与区划”在冰冻圈人文研究方面也取得显著进展，顺利通过了中期评估。

一系列的工作说明是中国科学家的深思熟虑和深入研究，在国际上率先建立了冰冻圈科学学科体系，中国在冰冻圈科学的理论、方法和体系化方面引领着这一新兴学科的发展。

围绕学科建设，2016 年我们正式启动了“冰冻圈科学丛书”（简称“丛书”）的编写。

根据中国学者提出的冰冻圈科学学科体系，“丛书”包括《冰冻圈物理学》《冰冻圈化学》《冰冻圈地理学》《冰冻圈气候学》《冰冻圈水文学》《冰冻圈生态学》《冰冻圈微生物学》《冰冻圈气候环境记录》《第四纪冰冻圈》《冰冻圈工程学》《冰冻圈灾害学》《冰冻圈人文社会学》《冰冻圈遥感学》《行星冰冻圈》《冰冻圈地缘政治学》分卷，共计 15 册。内容涉及冰冻圈自身的物理、化学过程和分布、类型、形成演化（地理、第四纪），冰冻圈多圈层相互作用（气候、水文、生态、环境），冰冻圈变化适应与可持续发展（工程、灾害、人文和地缘）等冰冻圈相关领域，以及冰冻圈科学重要的方法学——冰冻圈遥感学，而行星冰冻圈则是更前沿、面向未来的相关知识。“丛书”内容涵盖面之广、涉及知识面之宽、学科领域之新，均无前例可循，从学科建设的角度来看，也是开拓性、创新性的知识领域，一定有不足之处，我们热切期待读者批评指正，以便修改、补充，不断深化和完善这一新兴学科。

这套“丛书”除具备学术特色，供相关专业人士阅读参考外，还兼顾普及冰冻圈科学知识的目的。冰冻圈在自然界独具特色，引人注目。山地冰川、南极冰盖、巨大的冰山和大片的海冰，吸引着爱好者的眼球。今天，全球变暖已是不争的事实，冰冻圈在全球气候变化中的作用日渐突出，大众的参与无疑会促进科学的发展，迫切需要普及冰冻圈科学知识。希望“丛书”能起到普及冰冻圈科学知识，提高全民科学素质的作用。

“丛书”和各分册陆续付梓之际，冰冻圈科学学科建设从无到有、从基本概念到学科体系化建设、从初步认识到深刻理解，我作为策划者、领导者和作者，感慨万分！历时十三载，“十年磨一剑”的艰辛历历在目，如今瓜熟蒂落，喜悦之情油然而生。回忆过去共同奋斗的岁月，大家为学术问题热烈讨论、激烈辩论，为提高质量提出要求，严肃气氛中的幽默调侃，紧张工作中的科学精神，取得进展后的欢声笑语……，这一幕幕工作场景充分体现了冰冻圈人的团结、智慧和能战斗、勇战斗、会战斗的精神风貌。我作为这支队伍里的一员，倍感自豪和骄傲！在此，对参与“丛书”编写的全体同事表示诚挚感谢，对取得的成果表示热烈祝贺！

在冰冻圈科学学科建设和系列书籍编写过程中，得到许多科学家的鼓励、支持和指导。已故前辈施雅风院士勉励年轻学者大胆创新，砥砺前进；李吉均院士、程国栋院士鼓励大家大胆设想，小心求证，踏实前行；傅伯杰院士在多种场合给予指导和支持，并对冰冻圈服务提出了前瞻性的建议；陈骏院士和中国科学院地学部常委们鼓励尽快完善冰冻圈科学理论，用英文发表出去；张人禾院士建议在高校开设课程，普及冰冻圈科学知识，并从大气、海洋、海冰等多圈层相互作用方面提出建议；孙鸿烈院士作为我国老一辈科学家，目睹和见证了中国从冰川、冻土、积雪研究发展到冰冻圈科学的整个历程。中国科学院院长白春礼院士也对冰冻圈科学给予了肯定和支持，等等。在此表示衷心感谢。

“丛书”从《冰冻圈物理学》依次到《冰冻圈地缘政治学》，每册各有两位主编，分别是任贾文和盛煜、康世昌和黄杰、刘时银和吴通华、秦大河和罗勇、丁永建和张世强、王根绪和张光涛、陈拓和张威、姚檀栋和王宁练、周尚哲和赵井东、吴青柏和李志军、温家洪和王世金、效存德和王晓明、李新和车涛、胡永云和杨军以及秦大河和杜德斌。我要特别感谢所有参加编写的专家，他们年富力强，都承担着科研、教学或生产任务，负担重、时间紧，不求回报，圆满完成了研讨和编写任务，体现了高尚的价值取向和科学精神，难能可贵，值得称道！

“丛书”在编写过程中，得到诸多兄弟单位的大力支持，宁夏沙坡头沙漠生态系统国家野外科学观测研究站、复旦大学大气科学研究院、云南大学国际河流与生态安全研究院、海南大学生态与环境学院、中国科学院东北地理与农业生态研究所、延边大学地理与海洋科学学院、华东师范大学城市与区域科学学院、中山大学大气科学学院等为“丛书”编写提供会议协助。秘书处为“丛书”出版做了大量工作，在此对先后参加秘书处工作的王文华、徐新武、王世金、王生霞、马丽娟、李传金、窦挺峰、俞杰、周蓝月表示衷心的感谢！

秦大河

中国科学院院士

冰冻圈科学国家重点实验室学术委员会主任

2019 年 10 月于北京

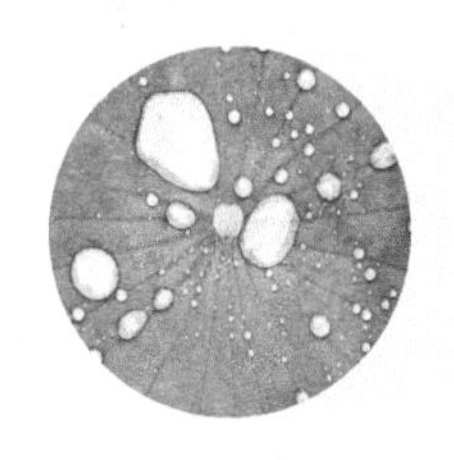

前　言

与地球冰冻圈相比，行星冰冻圈呈现出丰富的多样性。由于各行星表面的气压和温度与地球的巨大差异，行星冰冻圈与地球冰冻圈有许多不同。对于地球而言，冰冻圈主要指的是水分的冰冻圈。但对于其他行星而言，冰冻圈还包括其他易挥发组分的冰冻圈层。例如，在火星上二氧化碳（CO_2）可以形成干冰，在冥王星上氮气（N_2）可以形成氮冰等。在太阳系的外围，一些矮行星和卫星主要是由水分组成的，其冰冻圈组成了这些星体的壳层，而且这些星体上水冰的物理属性与地球上的水冰有很大差异。这些与我们所熟悉的地球冰冻圈有着本质的差异。

因此，第 1 章从水的相图开始，简述不同行星冰冻圈的差异。第 2 章介绍太阳系的形成、太阳系水分的分布及地球水分的来源等基本概念，是后面各章介绍太阳系行星冰冻圈的基础。第 3 章把地球看成行星的一员，介绍在长达 46 亿年的历史中地球冰冻圈的演化，尤其是几次大规模冰期事件。太阳系各行星的冰冻圈与太阳系形成之初水分的来源和分布密切相关。传统的观点认为，地球水分是地球形成时就具备的。但后来的观点认为，至少有一部分是在后期通过太阳系的演化而获取的。

探测行星和卫星的冰冻圈需要特殊技术，这与探测地球冰冻圈不同。第 4 章集中介绍行星冰冻圈探测技术。嫦娥工程是我国太空探测的开始，使用特殊的探测技术，对月球是否存在水冰有了初步的认识，这些探测技术的原理同样适用于其他太阳系行星和卫星的冰冻圈探测。

火星是太阳系行星中最特殊的一颗。大量研究认为，火星在早期曾拥有液态水甚至海洋，可能曾有生命存在。但火星现在则是全球平均温度大约为–60 ℃的一颗寒冷行星。火星的水分哪里去了？这一直是学者密切关注的问题。其两极表面温度足以使火星大气中 CO_2 冻结为干冰，并沉降到两极表面。随着季节变化，两极地区的干冰甚至参与火星大气质量环流。因此，火星冰冻圈不仅包括水冰冻圈，还包括 CO_2 冰冻圈。第 5 章专门介绍火星冰冻圈。

太阳系的外围存在很多以水分为主的矮行星、卫星和小星体。这些星体发育有非常丰富的冰冻圈。它们的冰冻圈与我们所熟知的地球冰冻圈截然不同。它们的壳层不是以岩石为主，而是以水冰为主，且它们的冰冻圈不仅包括水分，还包括其他成分。第 6 章介绍太阳系除火星之外的其他星体的冰冻圈。

迄今为止，已有 4000 多颗太阳系外行星被发现，其中 10～20 颗被认为是有可能适合类地生命存在的宜居行星。因为这些可能的宜居行星大多是围绕红矮星运行的潮汐锁相行星，其一面永远面对恒星，另一面永远背对恒星，所以其冰冻圈主要存在于背阳面，而不是两极地区，这与地球冰冻圈的分布不同。第 7 章简要介绍太阳系外行星冰冻圈。

本书是集体劳动的结晶，各章主笔情况如下。胡永云撰写第 1 章，潘路撰写第 2 章和第 5 章，刘永岗撰写第 3 章，法文哲撰写第 4 章，魏强和胡永云撰写第 6 章，杨军撰写第 7 章，全书由胡永云统稿。由于大家的写作风格有所不同，虽统稿时尽量风格归一化，但读者可能依然会感受到各章之间的差异，在此我们表示歉意。

行星科学是一门天文和地球科学相交叉而发展起来的学科。在我国，行星科学研究和人才培养才刚刚开始。随着我国太空探测计划的不断推进，行星科学必将快速发展。虽然国际上已有不少关于行星科学的优秀书籍，但迄今为止，还没有专门讲述行星冰冻圈的书籍出版。因此，本书应是国内外第一本关于行星冰冻圈的书籍。本书是“冰冻圈科学丛书”中相对独立的一册，关于冰冻圈科学的详细内容，可以阅读本丛书的其他各册，尤其是与本书关系最为密切的《冰冻圈物理学》和《冰冻圈气候学》。

虽然我们从事与行星冰冻圈相关的研究，但我们的知识储备还很有限，所以最初仅计划写一个章节，而不是撰写一本书。在秦大河院士的鼓励和鞭策下，我们才坚持了下来。在此，向秦大河院士表示真挚的感谢。

“冰冻圈科学丛书”秘书组王文华、徐新武、王世金、王生霞、马丽娟、李传金、窦挺峰、俞杰、周蓝月在专著研讨、会议组织、材料准备等方面做了大量工作。在本书即将付印之际，对他们的无私奉献表示衷心的感谢！

作　者

2021 年 4 月

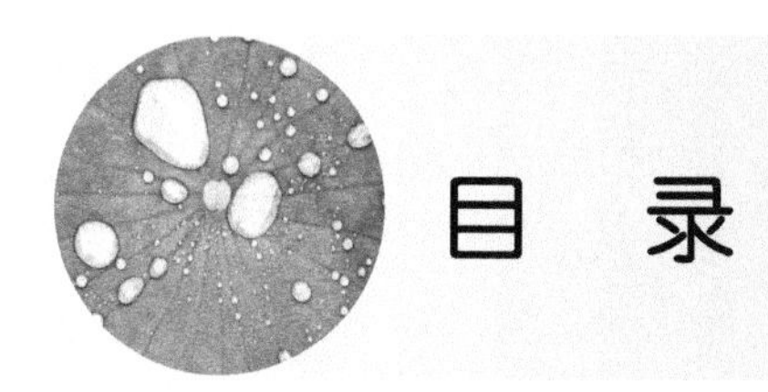

目　录

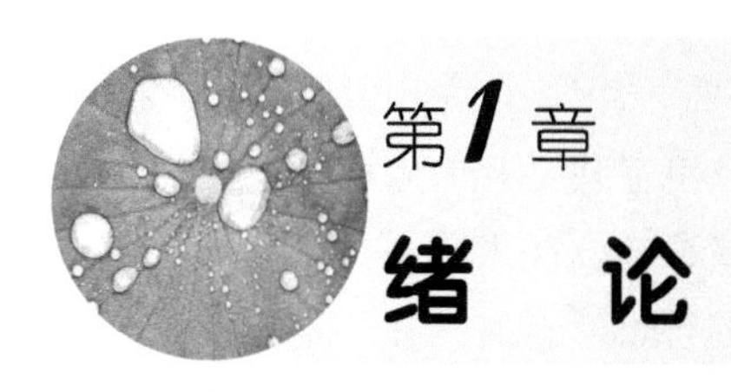

第1章 绪 论

在地球上，冰冻圈是指地球表层具有一定厚度且连续分布的负温圈层，也称为冰雪圈、冰圈或冷圈。冰冻圈内的水体应处于冻结状态。大气冰冻圈在大气圈内位于 0℃线高度以上的对流层和平流层，如降雪、冰雹等；陆地冰冻圈是寒区在岩石圈内从地面向下一定深度（数十米至上千米）的表层岩土，如冰川、冻土等；海洋冰冻圈在水圈主要位于两极海表上下数米至上百米，以及周边大陆架向下数百米范围内，如海冰、冰架、海底多年冻土等。

冰冻圈不仅存在于地球上，也同样存在于其他行星上，尤其是在太阳系的外围，大量卫星和矮行星的主要组成成分是水，而不像地球以金属元素为主。在极低的温度条件下，水以固体冰的形式存在，冰冻圈是这些冰卫星的主要组成部分，所以这些卫星都是冰质星体。最典型的例子是冥王星（Pluto）和木星的第二颗卫星欧罗巴（Europa），它们的组成成分均以水冰为主。在地球的表面温度和大气压力条件下，水在地球表面是液、固、气三相共存的。但在太阳系外围的固体星球上，因为温度太低，水只以固、气两态存在。因为这些冰行星或冰卫星的温度极低、大气极其稀薄，因此其他行星冰冻圈的性质与地球冰冻圈的性质有很大的不同。

在极端低温条件下，不仅水分完全以固体冰的形式存在，其他大气成分也将冻结。例如，火星大气的主要成分是 CO_2，在火星极地的冬季，火星表面温度低于–120 ℃，大气中的 CO_2 变成干冰，并沉降到火星表面。当夏季到来时，温度升高，干冰升华为 CO_2 进入大气层。冥王星表面温度大约是–230 ℃，低于 N_2 的冰点温度，因此冥王星表面有氮冰川存在。

因此，当我们学习行星冰冻圈时，需要特别关注冰冻圈的两个概念。第一，在极端低温条件下，其他行星水冰的性质与地球上水冰的性质有很大的不同。第二，行星冰冻圈不仅包括水冰冻圈，还包括其他成分的冰冻圈。因此，行星冰冻圈的概念将大大超出地球冰冻圈的内涵。为了更好地理解行星冰冻圈，从水最基本的物理性质讲起。

1.1 水的相图和相态物理特性

如图 1.1 所示，水的相态是由温度和压力共同决定的。当气压等于 610.75 Pa，并且温度等于 273.16 K（0.01 ℃）时，水的固、液、气三个相态共存。如果温度或气压偏离三相点（triple point）的数值，水只能以两个相态的形式存在。在太阳系内，地球是唯一在表面有水的固、液、气三相共存的星球。但这是指在全球范围内，并不是指在某一区域，因为地球表面任何区域都无法同时满足水的三相点的温度和气压。在地球表面，气压基本在 1 个标准大气压左右，远高于三相点的气压。在热带地区，地表温度常年维持在 30 ℃左右，所以水主要以液态和气态形式存在。而在两极地区，尤其是冬季，温度可达–50 ℃，因此水以固态和气态的形式存在。

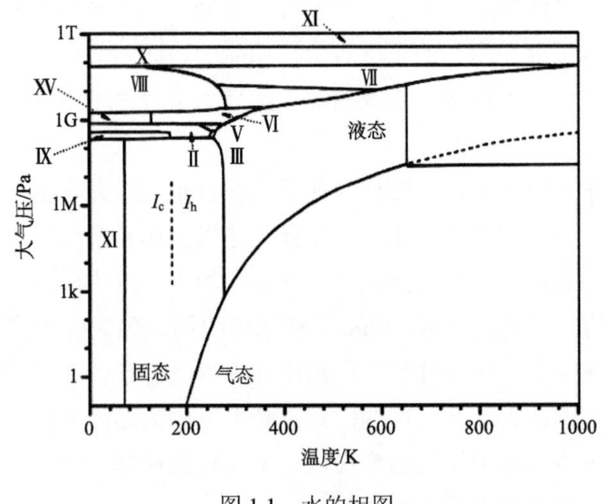

图 1.1　水的相图

如果大气压维持在 1 个标准大气压（1013.15 hPa）附近，当温度升高到 100 ℃时，液态水开始沸腾，直至完全蒸发为止。由图 1.1 可知，在 1 个标准大气压条件下，温度超过 100 ℃，水将完全以气态形式存在。但如果压力和温度同时升高，液态水将仍然存在，直到温度达到 374.3 ℃和压力等于 220.5 个标准大气压以上时（水的临界点），水将变成介于气态和液态之间的超临界相态。超临界水的物理性质兼具液态水和气态水的性质，是一种稠密的气态水。但它不同于一般的水汽，其密度与液态水接近，黏度比液态水小，扩散速度比液态水快，所以有较好的流动性和扩散性能。

如果地球海洋的水分完全蒸发进入大气层中，其压力相当于约 250 个标准大气压，由于水汽的强温室效应，地表温度完全可以达到水的临界温度之上。虽然该现象在地球上还没有出现过，但有可能在金星上出现过。一般认为，金星在 30 亿年前与地球一样曾存在海洋，但当太阳辐射逐渐变强之后，其发生了温室逃逸，也就是液态水完全蒸发进入了大气层。水汽被光解，氢原子逃逸到太空。现在金星表面的气温高达 480 ℃，已完全没有液态水存在。太阳系外行星（简称系外行星）GJ 1214b 是一颗质量比地球大但密度比地球小的超级地球。一些观点认为 GJ 1214b 是一个水世界，其海洋深度可达数千千米。简单的计算表明，其表面温度接近 300 ℃。如果是这样，其大气中也将含有大量水汽，接近超临界状态。

如果温度持续低于水的临界点温度，但压力增加到上万个标准大气压时，如图 1.1 所示，水将进入多种不同形式的固态冰相态。这些冰相态不同于日常所见到的冰，而是物理特性介于固态冰和液态水的超流体。这些不同的冰的相态与不同的压力和温度条件下水分子结构的变化有关，涉及复杂的微观物理过程。这里不做进一步介绍。地球冰冻圈不用过多关注这些复杂的冰相态结构，但对于太阳系外行星，这些冰相态结构并非罕见的。以系外行星 GJ 1214b 为例，如果其海洋深度大于 1000 km，底层海水所承受的压力将大于 10 万个标准大气压，虽然海底的温度未必低于 0 ℃，但在强大的压力作用下，水将进入超流体状态。那里的冰冻圈与我们所认识的地球冰冻圈将完全不一样。

行星冰冻圈有许多与地球冰冻圈不同的有趣现象。前文曾提到过，冥王星和欧罗巴卫星（木卫二）主要是由水冰组成的，其壳层就是冰壳，而不像地球的岩石地壳。在地球上，一块冰在经历了足够长时间后会逐渐升华。读者也许会担心，这些冰行星或冰卫星是否也会逐渐升华。实际上，这种情况并没有发生，这是因为在极低温度下，水分子很少能够脱离冰面。根据克拉珀龙-克劳修斯方程，在极低温度下，饱和水汽压很低，也就是说，冰的升华几乎可以忽略不计。另外，在极低温度下，水冰变得异常坚硬。在材料工程学中，人们通常把金刚石的硬度设为 10（也就是莫氏硬度），其他材料的硬度为 1～10。据测量，–50 ℃时水冰的硬度是 6，说明在极端低温下，水冰是相当坚硬的。

1.2 地球水分的起源及其冰冻圈演化

1.2.1 地球水分的起源

地球上水分的起源目前还没有定论。最初的观点认为，水分在地球形成时就有，也就是说，在星子不断汇集、形成地球的过程中，其是富含水分的。这一观点最大的问题是，地球在形成之初是极端高温的，其表面呈熔融状态，地球表面的水分会蒸发并逃逸。后来的观点认为，原始地球是贫水的，地球的水分是由行星轨道迁移带来的。根据这种观点，当质量较大的行星，如木星和土星由于轨道不稳定而向太阳系内侧迁移时，太阳系外围富含水的小星体和彗星被带到太阳系内侧，这些小星体与地球碰撞，从而把水带到了地球。这一观点的一个重要证据是，地球在 40 亿年前确实经历过被大量的小星体轰击，这便是著名的晚期大轰击事件（Late Heavy Bombardment）。

但是近期的同位素分析研究表明，地球水分的氢、氘比例与彗星的同位素比例并不一致，而且地球最早的岩石（锆石）是在有水的环境中形成的。这些证据表明，形成地球的星子是富含水的。虽然地球最初的高温使得其表面水分大量逃逸，但当地球表面冷却后，排气作用可使得地球内部的水分在表面汇集，形成今天的海洋。而后期彗星等撞击带来的水分是少量的。

1.2.2 冰雪地球事件

回顾地球46亿年的历史，气候的总体趋势是不断变冷（图1.2），而且自地球形成到25亿年前这段时间内，除大约30亿年前的一段较短时间外，地球上基本没有冰河期存在，两极地区也很可能没有冰盖，地球冰冻圈很可能仅存在于大气层中。图1.2也表明，早期地球平均表面温度较现在高得多，氧、硅同位素等其他地质证据也支持这一结论。根据太阳和恒星演化理论，43亿和28亿年前的太阳比今天的太阳分别暗25%和20%左右，那么那个时期地球平均表面温度应该比现在低得多。为什么早期地球表面温度反而比现在还高？这便是著名的暗弱太阳问题（也被称为暗弱太阳悖论，Faint Young Sun Paradox），是前寒武纪气候研究中的一个经典问题。在诸多解释暗弱太阳问题的理论或假说中，一个较为流行的观点是地球早期大气拥有比现在浓度高的温室气体，也就是比现在的温室效应强，这也是Sagan和Mullen所提出的解释暗弱太阳问题的理论，其中高浓度的CO_2被认为是最重要的因素。

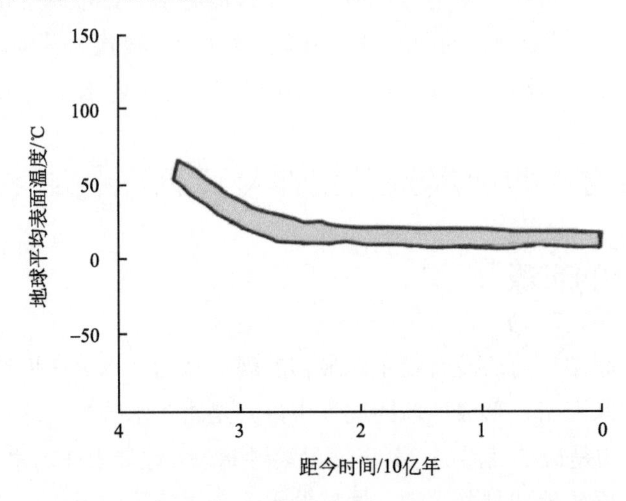

图1.2 过去40亿年地球平均表面温度随时间变化示意图

粗绿线表示温度，蓝粗线表示地球历史上大的冰川事件

地球历史上的5次大的冰河期，其中两次为全球性冰期，分别发生在24亿～21亿年前的古元古代和8亿～6亿年前的新元古代冰河期。在冰河期达到巅峰期间，全球平均温度降低到–50℃或更低，陆地被冰川所覆盖，海冰延伸到赤道地区，甚至赤道海洋也

被冰封。这两次全球性的冰河期期间，地球冰冻圈扩展到最大的面积。这两次全球性的冰河期称为“雪球地球”（snowball Earth）。但实际上，当全球海洋被冰封后，水循环基本被切断，不会再产生降雪，而最初的积雪逐渐形成冰，所以地球实际上是被冰所覆盖，称其为“冰球地球”更合适一些，因此该英文也被翻译为“冰雪地球”。

这两次全球性冰期的证据主要来自 3 个方面：①在现代所有的大陆上均发现了对应这两个时期的冰川残积层，而且根据古地磁的证据可以推测出当时的大陆基本都集中在热带地区。②两个时期都有条带型铁矿石存在，说明在条带型铁矿石形成之前海洋曾经被完全冰封过，因为只有在海洋完全被冰封、海洋中氧的来源被切断情况下，铁溶解于海水的现象才能发生（在无氧的情况下，铁是可以溶解于水的），而当海冰融化后，大气中的氧进入海洋，铁与氧发生反应生成氧化铁，从海水中沉淀下来，并形成条带型的铁矿石。③冰川残积层上面存在深厚的碳酸盐岩。

古元古代冰河期（也被称为休伦冰河时期）有可能是地球历史上持续时间最长的冰期。关于古元古代冰雪地球的形成，一般认为与大气中甲烷的氧化有关，氧化反应使得大气中甲烷浓度降低，温室效应减弱，地球变冷，从而诱发了古元古代冰雪地球的形成。

新元古代冰雪地球事件至少包括 3 次冰雪地球形成和融化的循环，其中至少有两次冰雪地球事件是全球性的。新元古代冰雪地球的形成和融化与 CO_2 浓度的变化有关，是一个典型的碳酸盐-硅酸盐循环负反馈机制的结果。新元古代冰雪地球形成和融化分为 4 个阶段：①热带裸露的地表导致强的风化反应，CO_2 浓度降低，温室效应减弱；②在冰雪—反照率正反馈的作用下，陆地冰川和海冰自高纬度向热带扩张，形成全球性冰封；③冰封后，风化反应中断，火山喷发的 CO_2 在大气中累积，温室效应增强；④当 CO_2 浓度足够高、温室效应变得足够强时，冰雪地球融化，地球恢复温和的气候态。整个过程正好代表了一次碳酸盐—硅酸盐循环，也反映了该循环的负反馈机制对气候稳定的作用。与古元古代冰雪地球的形成不同，新元古代冰雪地球的形成是由于 CO_2 浓度降低，而非 CH_4 浓度降低，它们的融化则都是由于 CO_2 浓度升高。

冰雪地球假说是一个对地球元古代时期气候变化的大胆设想。该假说一经提出便在地学界引起了巨大的反响和广泛的争论。争论的要点是海洋完全被冰封，还是热带海洋仍保留有开放的海域。虽然所有的证据都表明在元古代的早期和晚期确实出现过地球历史上最为严重的冰河期，但这些证据还不能充分证明地球在这两个时期被完全冰封过。就现有的证据而言，热带保留开放的洋面似乎更合理一些。如果地球确实被完全冰封数百万年，原始生命如何延续确实是一个很难回答的问题。

1.2.3 太阳系雪线和行星冰冻圈

太阳系有八大行星，自内向外依次是水星、金星、地球、火星、木星、土星、天王星和海王星（图 1.3）。在这 8 颗行星中，内围的 4 颗行星是固态星球，其质量和体积都比较小，而外围的 4 颗行星是气态星球，其质量和体积比内围固态星球大很多。就像高山有雪线一样，太阳系也有雪线，如图 1.3 所示，太阳系雪线位于火星和木星之间。在雪线以外，水分以固态冰的形式稳定地存在；在雪线以内，水冰并不稳定，在太阳光的直接照射下，是能够升华或融化的。

图 1.3 太阳系行星和雪线的位置

在固态星球中，水星距离太阳最近，距离太阳 0.62 AU（地球与太阳之间的距离为一个天文单位，简称 1 AU）。水星的平均表面温度约 180 ℃，因此，水星的绝大部分区域不可能有冰冻圈存在。但在水星两极的陨石坑内，因其见不到阳光，有可能有水冰存在，金星的平均地表温度高达 480 ℃，足以使铅融化。这一方面是因为金星距离太阳较近，另一方面是因为其浓厚的大气层中包含有约 90 个标准大气压的 CO_2，CO_2 极强的温室效应使得金星表面温度升高了 520 ℃。因此，金星表面既没有液态水，也不可能有冰冻圈，其大气中也只有微量的水分存在，本书不介绍金星。

火星距离太阳约 1.52 AU，半径为 3397km，大约是地球半径的 53%，质量是地球的 11%。火星表面的平均温度约为–63 ℃，但两极地区的温度很低，在极夜期间，极地的温度足以使 CO_2 冻结成干冰。因为火星大气的主要成分是 CO_2（占 95%），极夜期间，极地会产生“降雪”（干冰沉降），同时夏半球干冰升华进入大气，形成 CO_2 循环。火星两极有冰盖，图 1.4 所示的是火星北极的冰盖，包含干冰和水冰。因此，火星的冰冻圈不仅指水冰冰冻圈，还应该包含 CO_2 冰冻圈。

火星的中低纬度是寒冷干燥的荒漠。现有的探测结果表明，其表层没有水分的痕迹，但其土壤的深层是否有冻结的水分甚至液态水，还不太清楚。许多学者认为，火星在 30 亿年前有液态水存在，甚至其北半球的平原上存在海洋，但火星的水分到哪里去了，至今仍是一个谜。火星冰冻圈是一个非常值得研究的课题，本书将用一章的篇幅专门介绍火星冰冻圈。

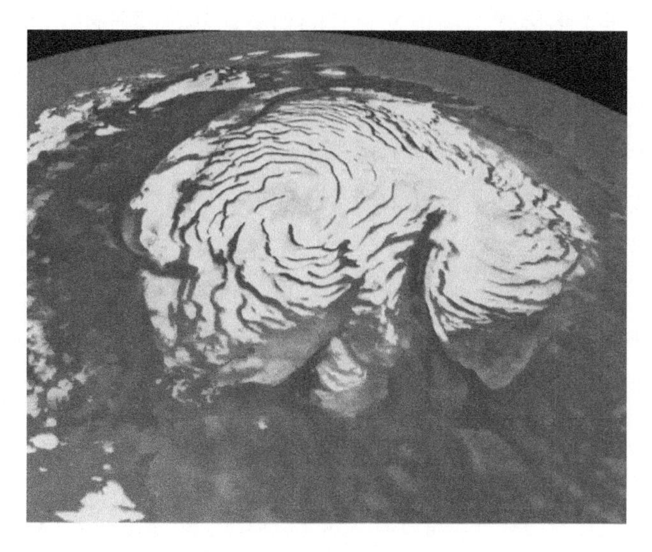

图 1.4 火星北极的冰盖

气态星球的主要成分是氢和氦，只含有极少量的水汽、甲烷、氨气等痕量气体。这些行星本身的冰冻圈并不是关注的重点，但这些大质量气态行星都拥有众多固态卫星，如已知木星拥有 69 颗卫星。这些卫星以水分为主要组成成分，土星美丽的光环实际是众多以水冰为主的小颗粒组成的，有些卫星的壳层甚至是冰壳。现有研究认为，木星的第二颗卫星欧罗巴有一个几十千米厚的冰壳，底层还有液态海洋。冥王星的壳层主要由水冰组成，由于其表面的温度极低（40 K），水冰像岩石一样坚硬。另外，氮也以固体氮冰状态存在。因此，从整个太阳系来看，最精彩的冰冻圈在太阳系雪线之外。这些卫星的冰冻圈是我们关注的重点，本书将在第 6 章对雪线以外的卫星冰冻圈做介绍。

月球是距离地球最近的星体，也是人类唯一登陆过的星体。目前的探测表明，月球表面没有水分的痕迹，但深层是否有水值得研究。月球没有大气层，其朝阳面和背阳面的温差极大，朝阳面温度可高达 123℃，背阳面温度低至–233℃。因此，如果月壤深层包含水分，则应该有冰冻圈存在。即使没有水分，如此低温下的月球上的土壤的物理性质也是非常值得研究的。像水星一样，月球两极的陨石坑内由于没有太阳直射，有可能存在冻结的水冰。这是未来月球探测的一个重要科学项目。

1.2.4 太阳系外行星冰冻圈

1995 年之前，虽然人们相信太阳系外有行星存在，但从来没有观测到一颗行星。自从第一颗太阳系外行星于 1995 年被发现之后，越来越多的系外行星被发现，截至 2019 年 6 月 26 日，已有 4095 颗太阳系外行星被发现。对于太阳系外行星，大家最关心的问题是，是否存在太阳系外类地生命，以及地球生命是否是孤独的。

生命存在取决于许多因素，但根据现有的理解，其首要条件是液态水。如果没有液态水，类地生命就无从谈起。也就是说，一颗行星是否适宜生命存在，首先取决于它是否具有水分；其次取决于它的表面温度是否能够维持液态水的长期存在。但就目前的观测技术而言，还无法确定一颗行星是否拥有水分或液态水。根据对太阳系行星的理解和一些基本理论知识，提出了两个最基本的条件来界定哪些太阳系外行星有可能是适宜生命存在的宜居行星。第一个条件是行星的质量不能太大，也不能太小，大约应在 0.2 倍和 5 倍地球质量之间。如果行星质量太小，其重力将不足以吸附大气层和表面水分；如果质量太大，该行星将是气态星球。第二个条件是行星的表面温度在 0～80 ℃。如果温度太低，即使行星拥有水分，其也将完全被冻结。如果温度高于 80 ℃，行星将进入温室逃逸状态，大气永远不会饱和，液态水将完全蒸发到大气层中，并很快被光解，氢原子将逃逸，最终水分也不会存在。

对于太阳系外的行星冰冻圈，将在第 7 章根据现有的理论研究成果和知识给予介绍。

1.2.5 行星冰冻圈探测

对行星冰冻圈的研究主要依赖于太空飞船探测。火星是飞船探测最多的行星，目前，美国国家航空航天局（NASA）成功发射了 3 个火星车在火星着陆和运行，分别是勇气号（Spirit）、机遇号（Opportunity）、好奇号（Curiosity），另外，还发射了凤凰号（Phoenix）探测器在火星北极着陆，专门探测火星北极的冰盖。卡西尼号飞船专门探测土星及其附近卫星，伽利略号探测器和朱诺号 Juno 探测器专门探测木星及其附近卫星，新视野号探测器专门探测冥王星及其卫星卡戎，信使号（Messenger）探测器专门探测水星。对于月球，不仅有人类登陆，还有探测器在月球着陆，包括我国的嫦娥系列。这些飞船均携带对星球表面和深层进行遥感的探测器。天问一号已于 2021 年 2 月进入火星轨道，天问一号携带的祝融号火星车于 2021 年 5 月 15 日在火星乌托邦平原成功着陆，祝融号将给我们带来火星表面的更多信息。未来的火星探测计划将为我们研究火星冰冻圈提供强有力的支撑。第 2 章专门介绍这些探测器的探测原理和技术。

思 考 题

1. 查阅相关文献，尝试解释水的不同冰相态及其与水分子在不同温度和压力条件下的结构之间的关系。

2. 使用克拉珀龙-克劳修斯方程计算 90 K（−183℃）和 50 K（−223 ℃）时的饱和水汽压。解释太阳系外围冰行星或冰卫星能够稳定存在而不被升华的原因。

3. 什么是太阳系雪线？为什么雪线之外的固态星体多为冰星体？

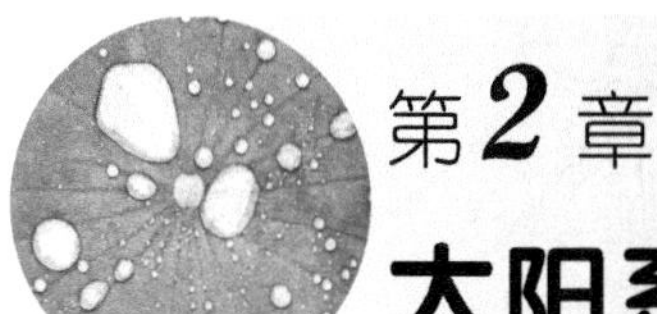

第2章 太阳系的形成和水分的分布

太阳系有八大行星已经确定，太阳系的最外围是否有第9颗行星，虽然有一些理论推断和猜测，但还没有定论。除这八大行星，太阳系还包含矮行星、彗星以及包含大量小星体的小行星带。这些具有不同大小、轨道和大气条件的星球有着截然不同的气候环境，形成了其独特的物质组分和构造，也具有不同的冰冻圈。本章简要介绍太阳系的形成、各主要星体及它们的基本特征、太阳系水分的分布等，为各章更详细地介绍行星冰冻圈做铺垫。

2.1 太阳系的形成

目前普遍的观点认为，太阳系的前身是太阳星云，也就是所谓的太阳星云模型（solar nebular disk model）。具体来说，太阳系是由巨大、旋转的云气和尘埃形成的，也就是所谓的太阳星云。如图2.1所示，太阳系的演化分为4个阶段：①星云中高密度的地方聚集由于重力发生坍缩形成恒星；②接下来由于角动量守恒，恒星周围的气体旋转并坍缩成星盘，也就是原行星盘；③之后，气体和灰尘凝结，星盘继续垮塌，同时恒星的气体从两极喷出；④最后，剩余的固体增生形成星球，同时气体耗尽，整个星盘收缩（Armitage, 2010; de Pater and Lissauer, 2010）。

在刚刚形成原行星盘的时候，星盘中很多微米级别的尘埃颗粒和气体相互作用，碰撞吸积在一起，形成厘米级别的颗粒。尽管具体的物理过程还不清楚，但知道这些颗粒会进一步碰撞并聚集，形成星子（planetesimal）。在星子达到千米级别之后，其在某个时刻进入失控生长（runaway growth）的阶段，也就是说，质量大的星子占优势地位，吸引聚集质量小的星子开始迅速增长的过程。该过程使得千米级别的星子迅速成长为直径为1000 km级别的行星胚胎（planetary embryo）。因为角动量守恒，这些行星胚胎会处在同一个轨道平面上，接近太阳的赤道面，具有相同的公转方向。

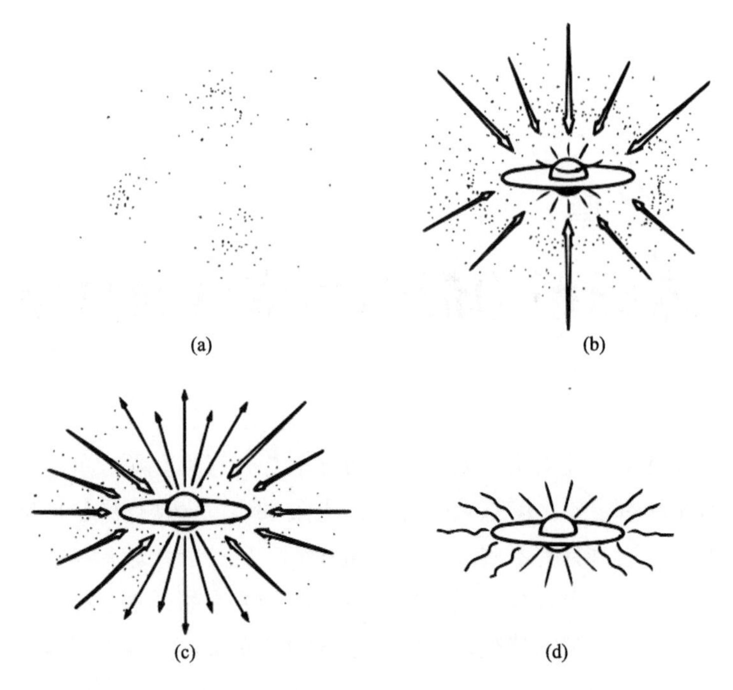

图 2.1 星云模型中恒星和原行星盘的形成（改自 Shu et al., 1987）

在靠近太阳的地方，一方面，因为温度较高，水冰等挥发性物质无法凝结成固态，所以形成的行星无法达到能够吸引周围气体的质量，整个星盘的气体很快被耗散了。另一方面，靠近太阳的地方具有更多的重元素，含有重金属元素（除氢、氦的其他化学元素）的物质在已有的行星胚胎基础上继续增生，形成了靠近太阳的岩石星球，也就是固态星球。

相比于太阳系内围的岩石星球，距离太阳较远的巨行星的形成则较为复杂。这些行星往往形成于原行星盘的外部，这是因为那里温度较低，很多挥发性物质得以保存，有更多的材料形成巨行星。核心吸积模型（core accretion model）认为，如果在很短的时间内行星胚胎长到足够大（形成 10～20 个地球的核），它便能够吸引周围的气体形成巨大的气态星球或冰巨星。同时，清空轨道周围的物质形成原行星盘中的间隔（图 2.2）。一些太阳系外行星的观测支持核心吸积模型，但核心吸积模型也有其本身的问题，因为普遍的模拟表明，星体核心增长的时间尺度大于原行星盘中气体全部耗散的时间尺度。如果气体在行星胚胎增生到足够大之前就全部耗散，就无法形成巨行星。还有一些观点认为，这些巨行星的形成与星盘不稳定（disk instability）有关，也就是说，早期星盘的不稳定会导致出现一些高密度的区域，这些区域可以在短时间内形成核心，吸收气体，从而形成巨大的气态星球或冰巨星。

以上是根据太阳系行星的特性所建立的行星形成模型。但近 20 年，通过对太阳系外行星的观测，学者们发现银河系中很多星系的行星分布特征与太阳系有很大的不同，很多星系中发现的热木星（Hot Jupiter）。这是一类和太阳系木星一样大或更大的巨型气态行星，但它们距离其恒星非常近，有一些热木星甚至距离其恒星不到 0.1 AU，比水星与太阳的距离更小。这与太阳系木星位于雪线以外的情形截然不同。这些热木星的发现对经典的太阳系行星形成模型形成了极大的挑战。一些推测认为，热木星很可能最初形成于雪线以外，后来才迁移到距离其恒星非常近的轨道。实际情形是否是这样，还需要更多的观测来验证。与此同时，行星科学家也正在不断修正现有的行星形成模型。

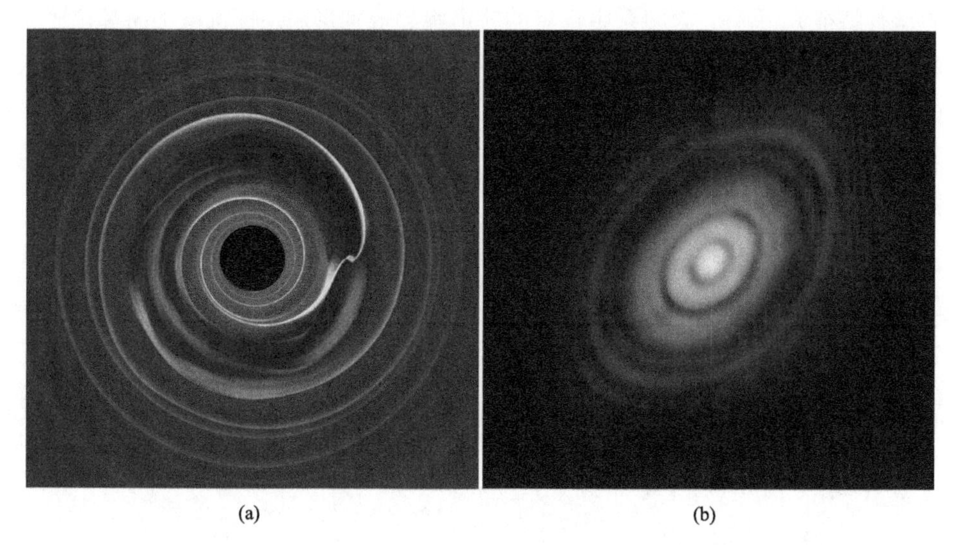

(a)　(b)

图 2.2　（a）原行星盘形成过程的数值模拟快照，图中一颗巨行星正在清除轨道附近的气体，并受到气体拖拽向太阳迁移（Armitage et al., 2015）；（b）ALMA 望远镜拍摄的 HL Tauri 恒星周围的原行星盘，这是原行星盘的细节第一次被图像捕捉到，特别是星盘中的深色区域，可能是正在形成的行星的位置

图片来源: ALMA（ESO/NAOJ/NRAO）；C Brogan, B Saxton（NRAO/AUI/NSF）

太阳系最重要的天体是太阳本身，它是位于赫罗图（Hertzsprung-Russell diagram）主序带上的一类恒星，大部分已观测到的恒星都属于主序星范畴。太阳和其他的主序星一样，其内部高密度的核心进行着氢转化成氦的核聚变反应，为整个星系提供能量。在太阳系中，太阳占有整个星系 99%以上的质量（所有行星加起来质量约占太阳系质量的 0.13%）。

虽然不同的恒星质量差别很大，但都有相似的成分，主要是由氢和氦组成的。行星与恒星有本质的区别，太阳系的行星（以及其他一些小天体）有着和恒星完全不同的形成过程，是自下而上的随机过程中形成的来自星云盘的剩余材料。每一个行星都不同，由复杂的冰、岩石和气体的混合体组成。

2.2　太阳系天体概述

上文简要介绍了太阳系形成的基本过程。下文简要介绍太阳系星体的基本性质和特

征，图 2.3 给出的是一个简化的太阳系结构。结合表 2.1 给出的轨道特征，发现太阳系八大行星的半径、密度、成分、轨道倾角和自转速度都各不相同。但这八大行星仍然具有一些共同的特征。首先，几乎所有的行星都处于同一轨道平面之上（表 2.1），水星除外。从地球上看，水星偏离了黄道面约 7°。因此，太阳系的形状类似一个扁平的圆盘（有着高倾角轨道的冥王星和其他矮行星显然与海王星轨道以内的太阳系其他行星不同，有着独特的运行特征）。另外，太阳系中行星的轨道都趋近圆形，并且轨道平面都位于太阳的赤道面附近[有一些太阳系外行星公转轨道的偏心率（eccen tricity）高达 0.94]。太阳系行星中，只有水星和火星的偏心率稍偏大，而且太阳系行星还都具有相同的公转方向，与太阳的自转方向一致，都是以太阳的北极为旋转轴做逆时针旋转。共面、轨道近圆和公转同向是太阳系行星的重要特征。

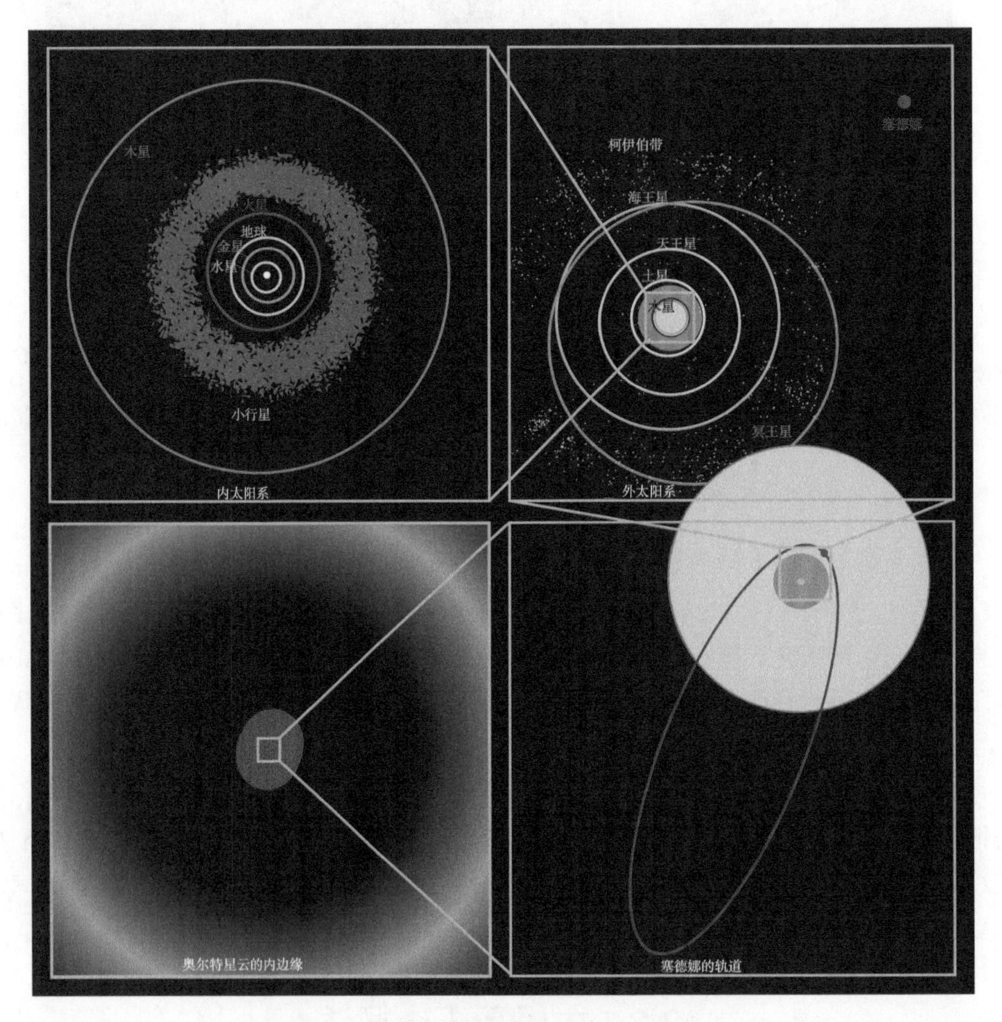

图 2.3 太阳系的结构（来源 NASA/JPL）

左上为内太阳系，包括四个固态星球和一个小行星带；右上为外太阳系，包括四个巨行星、冥王星以及柯伊伯带；右下角为塞德娜扁率很高的轨道；左下角为奥尔特星云的位置

表 2.1　太阳系中主要天体的轨道参数

类别		天体	周期/年	椭圆轨道半长轴 a /AU	偏心率 e	轨道倾角 i/（°）
行星	固态星球	水星	0.241	0.387	0.2056	7.004
		金星	0.615	0.723	0.0068	3.394
		地球	1	1	0.0167	0
		火星	1.881	1.524	0.0934	1.85
	气态星球（巨行星）	木星	11.862	5.203	0.0483	1.038
		土星	29.458	9.539	0.056	2.488
		天王星	84.01	19.191	0.0461	0.774
		海王星	164.79	30.061	0.0097	1.774
矮行星		冥王星	248.54	39.529	0.2482	17.148
		谷神星	4.6	2.766	0.0739	10.585
		阋神星	557	67.67	0.4418	44.187

太阳系八大行星中，靠近太阳的是四个固态星球，它们分别是水星、金星、地球、火星，然后是一个小行星带，在此之外是两颗以氢和氦为主要成分的巨行星：木星和土星。再向外是两颗冰巨星：天王星和海王星。除这些行星，太阳系还广泛分布着许多小天体，其中大部分分布在小行星带以及海王星以外的柯伊伯带上，体积较大的星体称为矮行星。

八大行星在太阳系中的分布和特征可以一定程度上指示它们的形成和起源。通过已知的陨石定年，学者们发现太阳系中的球粒陨石、火星、月球和地球形成时间都非常相近，据此可以推测出太阳系行星形成在同一个时期；加上八大行星共同的轨道特征，都意味着它们的形成有着相似的模式，并且和太阳的形成紧密相关。事实上，早在 1796 年，天文学家和数学家拉普拉斯（Pierre-Simon Laplace）就根据当时观测到的太阳系行星的轨道特征做出这样的推测：太阳系起源于一个旋转的由气体和尘埃组成的圆盘，也就是太阳星云（Stevenson, 2000）。

表 2.2 中的第一部分给出了太阳系行星和月球的基本物理性质，这些参数包含行星质量和密度的最新测量结果。准确的质量和密度测量依赖于由飞掠或绕行行星的航天器得到的数据，而仅通过地基观测所得到的行星物理参数的精度较低[如阋神星（Eris）]。

从八大行星的密度来看（表 2.2），会发现其中的差异对于理解太阳系有重大意义。四颗小型且靠近太阳的行星都具有岩石物质的密度特征（$>3\times10^3$ kg/m^3）。而自木星轨道开始，四颗大型有着和木星类似性质的行星（以及冥王星）密度接近 1×10^3 kg/m^3，也就是说接近水或水冰的密度。这种低密度意味着这些行星的平均原子量非常低，而且具有高含量的挥发性元素，如氢和氦。

表 2.2　太阳系中行星和其他天体的物理性质

天体类别	天体名称	基本物理性质（质量和直径）							自转周期和倾角		地表环境		其他性质		
		与太阳距离/AU	质量/10^{24} kg	质量/$M_⊕$*	直径/km	直径/$D_⊕$†	密度/（kg/m^3）	重力加速度/（m/s^2）	自转周期/h	自转轴倾角/（°）	平均温度/℃	地表压强/Pa	卫星数量/个	是否有环	是否有全球磁场
固态星球（类地行星）	水星	0.387	0.33	0.0553	4879	0.383	5427	3.7	1407.6	0.034	167	0	0	无	有
	金星	0.723	4.87	0.815	12104	0.949	5243	8.9	–5832.5	177.4	464	92	0	无	无
	地球	1	5.97	1	12756	1	5514	9.8	23.9	23.4	15	1	1	无	有
	火星	1.52	0.642	0.107	6792	0.532	3933	3.7	24.6	25.2	–65	0.01	2	无	无
巨行星（类木行星）	木星	5.20	1898	317.8	142984	11.21	1326	23.1	9.9	3.1	–110	未知	69	有	有
	土星	9.58	568	95.2	120536	9.45	687	9	10.7	26.7	–140	未知	62	有	有
	天王星	19.2	86.8	14.5	51118	4.01	1271	8.7	–17.2	97.8	–195	未知	27	有	有
	海王星	30.05	102	17.1	49528	3.88	1638	11	16.1	28.3	–200	未知	14	有	有
矮行星	冥王星	39.48	0.0146	0.0025	2370	0.186	2095	0.7	–153.3	122.5	–225	0.00001	5	无	未知
	阋神星	67.67	0.0166	0.00278	2326	0.19	2520	0.81	25.9	未知	约–230	未知	1	未知	未知
	谷神星	2.76	0.000947	0.00016	939.4	0.0736	2162	0.28	9.1	4	–105	0	0	无	无
卫星	月球	0.00257*	0.073	0.0123	3475	0.272	3340	1.6	655.7	6.7	–20	0	0	无	无

注：a. 巨行星（木星，土星，天王星，海王星）的地表压强未知：因为气态行星的地表深埋在致密的大气层深处，位置和压力位置。

b. 月球的距离一栏此处给出的是月球与地球的平均距离。

*$M_⊕$ 是地球质量（$M_⊕ = 5.972 \times 10^{24}$ kg）；

†$D_⊕$ 是地球直径（$D_⊕ = 12742$ km）；

资料来源：NASA Planetary Facts; J Lewis Physics and Chemistry of the Solar System; http://home.dtm.ciw.edu/users/sheppard/satellites/。

水星、金星、地球和火星通常被称为类地行星（terrestrial planet），或是固态星球（rocky planet）。与之相对的是木星、土星、天王星和海王星，这些行星被称为类木行星（Jovian planet）或巨行星（giant planet）。尽管依据质量和密度，八大行星可以分为类地行星和类木行星两类，但不代表各类别中的成员有着一样的结构和成分。因为观察到的密度变化由两种效应共同导致：一是固有物质的密度，二是行星内部普遍存在的极高的压力导致的相变和压缩。

行星这个词汇自古以来就被广泛应用。随着天文望远镜精度提升，除早期人们观测到的水星、金星、火星、木星、土星之外，1781 年赫歇尔用望远镜发现了土星轨道之外的天王星。1801 年起，在火星和木星的轨道区间，不断地观测到很多环绕太阳运行的小天体，也就是现在所说的小行星带。1846 年和 1930 年相继发现了海王星和冥王星。之后 1951 年又发现了位于太阳系外侧的柯伊伯带，其包含更多的小天体（图 2.4）。这些天文观测的进展让人们不得不重新审视太阳系中的天体，并对其分类。

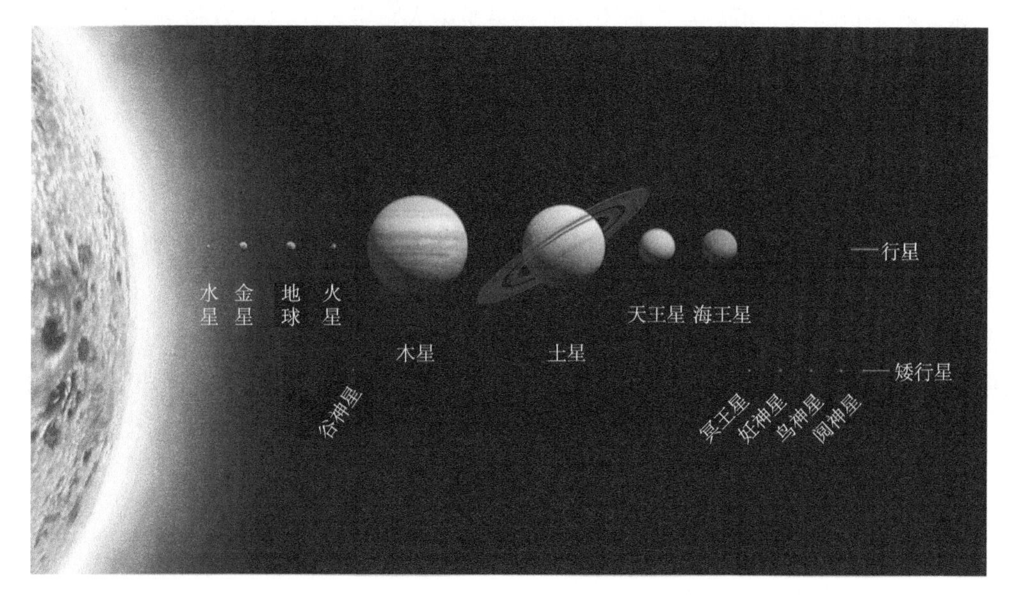

图 2.4　太阳系中的八大行星及部分矮行星示意图（注意此处行星与太阳的距离不成比例）
图片来源：NASA/JPL

根据 2006 年国际天文学联合会（IAU）重新提出的行星的定义，行星需要符合以下性质：①围绕恒星运转的天体；②行星能够清空轨道附近的临近天体；③达到足够的质量以达到流体静力平衡 （也就是近球形）。根据这个定义，目前已知的天体中只有太阳系的八大行星符合条件，即水星、金星、地球、火星、木星、土星、天王星和海王星。中小学课本中第九行星冥王星之所以被“降级”，是因为冥王星与阋神星等体积相近（甚至更小）。再加上这些矮行星的物理性质和轨道特征都与其他行星的特征有所不同，因此就自然地把这一类天体归类为“矮行星”。现在发现的符合矮行星条件的天体已达 50

多个，其中有一个处于火星和木星之间的小行星带[谷神星（Ceres）]，其他的在海王星的轨道之外，包括冥王星、阋神星、妊神星（Haumea）和鸟神星（Makemake）。

除八大行星和矮行星之外，还有其他绕太阳旋转的太阳系小星体，包括小行星带和柯伊伯带中的小行星和彗星。另外，太阳系中还有很多围绕行星运转的星体，即卫星。例如，地球的卫星——月球。许多卫星有着自己独特的地质过程和演化历史，甚至可能有生命。在 2018 年的月球与行星科学国际学术研讨会上，还有很多科学家在推广对于行星的“地球物理学定义”。在这个定义下，他们认为太阳系中只要能达到流体静力平衡的天体（如月球、欧罗巴、冥王星等）都可能有自己的地质过程，可以将其作为行星科学研究的对象，符合行星的“地球物理学定义”。

太阳系的行星绕着太阳进行椭圆轨迹的运动，这最早是开普勒用行星的轨道位置表推算出来的。开普勒不仅发现太阳系的行星各自在以太阳为焦点的椭圆轨道运行（开普勒第一定律），太阳与行星连线会在相等时间内扫过相等的面积，也就是开普勒第二定律，它实际上就是角动量守恒。开普勒还指出行星距离太阳半长轴的立方和绕太阳周期 P 的平方成正比（开普勒第三定律）。尽管开普勒通过数据分析得到了行星运动的规律，但在当时并未能解释其中的力学原理。后来，牛顿提出普适万有引力定律，这才解释了开普勒的三个定律。

通常用 6 个物理量来定义一颗行星在其轨道上的位置（Bate et al., 1971; Faure and Mensing, 2007）。其中三个最受关注：第一个是半长轴，通常以天文单位表示；第二个是由椭圆的半长轴和半短轴之间的比值定义的偏心率。圆形轨道的偏心率为 0，抛物线轨道的偏心率为 1；还有一个对于行星的气候变化重要的轨道参数是椭圆相对于参考平面的倾角（inclination），通常选择地球绕太阳公转的轨道平面，即黄道面。表 2.1 给出了太阳系中主要天体的轨道参数。通过行星的轨道特征可以了解太阳系的基本结构，并由此对太阳系的起源进行推测。

2.2.1 太阳系的固态星球

事实上，尽管月球是一颗卫星，它的组成成分与地球相似，很多性质也符合固态星球的范围，唯一的区别是月球的体积太小，内部不能达到其他行星内部的压力。因为行星增生的时候势能转化为内能，生长达到一定规模的天体就会发生内部分异，形成核、幔、壳的分层结构。就内部结构而言，可以想象这几颗固态行星的差别不大。对于地球内部结构的了解主要来自地震波和流变学。通过这些信息可以判断出地核、地幔、地壳中主要的相变的层位。通常认为，地球的磁场和地核的热对流有关。地球的另一特殊之处在于它有着正在活动的板块构造。尽管“阿波罗计划”带回来的月球样品使人们了解到月球岩浆海的形成过程，但是对于各大固态行星的内部结构了解得并不是很多，只能由遥感测量的数据进行推测，特别是质量、密度和行星的转动惯量。同时，也有一些间接的证据，如全球磁场的存在被认为是液态内核对流产生的，这一现象只在地球和水星被观测到。火星上有古地磁的证据，说明火星历史上可能有过全球性的磁场。2018 年前往火星的“洞察号”着陆器（InSight Lander）目的就是通过测量地震波、热流和火星自转轴扰动来了解火星内部的结构、产生分异的条件，以及现在火星上的地质构造运动。

就行星表面环境而言（表 2.2），由于太阳提供了主要能量来源，理论上离太阳越近的行星平均温度越高，但环境温度受大气温室效应的影响。例如，水星是一个炎热的行星，但没有可探测的大气。金星与太阳的距离稍远，与地球的大小相当，但它的地表温度非常高，这是因为其表面有着以致密 CO_2 为主的大气层，金星表面大气压达到地球的 92 倍，CO_2 的强温室效应导致了金星表面的高温，并导致了“失控温室气体效应”（runaway greenhouse effect）。行星表面温度和大气不透明度（atmospheric opacity）形成正反馈，最终导致行星表面温度升高。因为金星拥有致密浑浊的大气，无法用光学遥感手段观测到金星的表面，直到 1990 年麦哲伦号探测器进入金星轨道，人们才通过雷达数据对金星地表有了直接的观测。地球表面的环境大家最为熟悉，地球最大的特点是地表富含液态水，前提条件是地球表面温度和 1 个标准大气压的氮气为主的大气正好涵盖水的三相点。地球上的生命也可能对地球的演化起着至关重要的作用。火星体积小，表面呈红色，由于距离太阳远，其年平均气温低达–60 ℃，没有液态水存在。现在推测火星在早期气候比较温暖，其表面可能有液态水存在过。但像地球一样，火星上有水冰和 CO_2 干冰组成的极地冰盖和明显的季节变化。火星只有很稀薄的以 CO_2 为主的大气层。

在太阳系类地行星中，除地球之外，人们已对水星和火星的地形有着比较精确的测量，还有其表面高分辨率的图像，这些数据得益于绕水星的“信使号”飞船和这些年来飞往火星的数十个航天项目。相对来讲，对金星表面的探测仅有一些雷达的影像数据。无论是水星、金星，还是火星，它们表面的地貌都是由火山和撞击坑主导。其中，金星和火星地表有非常活跃的火山活动，而水星的地表年龄更老。地球表面与其他几个行星显著不同，因为古老的撞击坑都被冲刷、掩埋和风化改造，地表地貌由现代活动的水圈和生物圈主导，这和地球上大量液态水的存在和板块构造有关。水星、金星和火星则没有板块构造（Taylor and McLennan, 2009）。

类地行星的普遍特征是卫星较少。人们很早就已观测到水星和金星没有卫星。对于水星和金星周围卫星轨道稳定性的理论研究认为，在强大的太阳潮汐力下，这些卫星即使存在，也无法存活到今天。作为地球的卫星，月球与水星惊人地相似，但密度比水星低了约 40%。它的位置也非常便于观测，并且一直是苏联和美国航天计划的对象，其中包括载人的“阿波罗计划”。“阿波罗计划”将大约半吨的月球表面样品带回地球。现在对月球的了解远远超过所有其他自然卫星的总和。相对于地球，月球是一颗异常巨大的卫星，其占地球质量的 1%以上，这一点在太阳系仅冥王星的卫星卡戎能与之相比较。

月球的起源很可能和一次大撞击有关，但组成月球的物质除挥发性元素之外，其他元素组成和同位素特征与地球非常接近。地球和月球之间相同的成分给大撞击模型带来了挑战。经典的撞击模型认为，当一个火星大小的物体与地球发生了撞击之后，可以很好地解释现在观测到的地-月系统角动量。在这种撞击模型下，理论上会期待月球继承撞击体的成分。但事实观测表明，地球和月球的成分除挥发性元素之外，其他成分也相同。于是人们开始考虑新的撞击模型，也就是能量更高的撞击或根本就是巧合，认为撞击体本身就有着和地球类似的成分。这里面还有很多问题值得讨论。月球表面没有大气，平均温度很低，最近发现月球极地永久阴影地区可能有少量水冰。这些水冰可能是撞击月球的原始彗星或小行星带来的，这对于未来载人月球探测有实际的意义，第 4 章将介绍月球上存在水冰的可能性。

火星有两颗已知的小型卫星，分别是火卫一（Phobos）和火卫二（Deimos）。但与月球不同，这两颗卫星体积太小，外形不规则，尺寸为 10～20 km。它们的光谱特征类似于小行星，这意味着它们可能是被火星俘获的小行星，但它们近似圆形的轨道特征又意味着它们也可能起源于撞击。截至目前，火星卫星的来源还没有定论。

2.2.2 太阳系的巨行星和冰卫星

太阳系的四颗巨行星自内向外依次是木星、土星、天王星和海王星。这四颗巨行星可分为两大类，木星和土星都主要由氢气、氦气构成，也称它们为气态巨行星(gas giants)，也有学者将其称为液态行星，因为它们的液态成分比气态成分的质量大得多。相比而言，天王星和海王星则含有更多的挥发成分（如水、氨气、甲烷等）。木星和土星与太阳的成分组成类似，而天王星和海王星则比太阳密度大得多，为太阳星云外围大规模分馏过程提供了证据。四颗巨行星都伴随着诸多卫星系统。木星、土星和天王星的系统让人联想到小型太阳系。这四颗巨大的行星也至少有自己基本的环系统（表 2.2）（胡永云等，2014；胡永云和田丰，2014）。

木星是太阳系质量和体积最大的星球。木星的低纬度地区表面有着标志性的带状云层（图 2.5），浅色和深褐色的条带相间，有着不同的流速。其中赤道附近形成了一个与地球类似大小的红色斑点，俗称“大红斑”（giant red spot）。因为没有固体表面，人类无法登陆这样的气态巨行星，但可以通过轨道飞行器对其进行探测。2017 年抵达木星的朱诺号探测器，传回了许多惊艳的木星表面的图像，其中，包括第一次观测到的木星南北极的巨大气旋（图 2.6）。朱诺号的数据还证明了这些表面的条带风暴并不浅，至少达到了 3000 km 的深度。

图 2.5　卡西尼轨道器于 2000 年 7 月拍摄的木星表面真彩色图像

可见深浅相间的条带和右下角的大红斑；左边的黑点是木星卫星的阴影

图片来源：NASA/JPL/University of Arizona

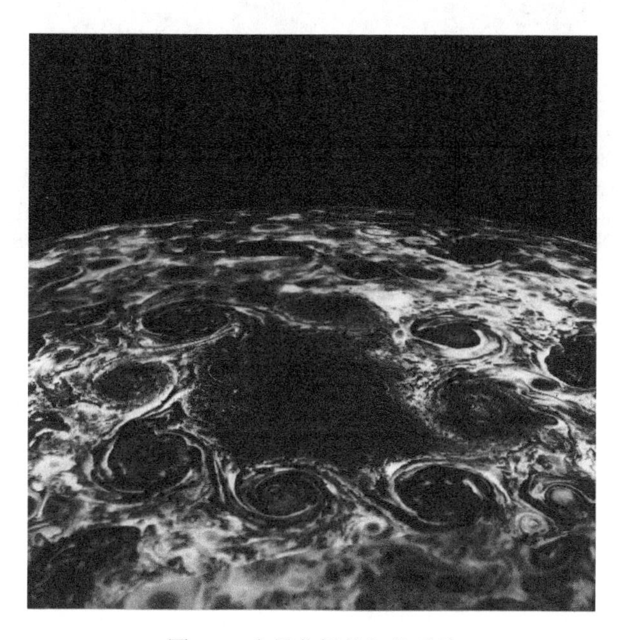

图 2.6　木星北极的气旋系统

在木星北极，一个中央气旋被 8 个气旋环绕。图像中的数据来自朱诺号 JIRAM 仪器于 2017 年采集的数据。JIRAM 仪器测量木星在红外波段 5μm 左右的辐照，以用于推测木星对外的散热。图中的颜色代表辐射热量，黄色部分为较薄的云层（–13℃），深红色部分为厚的云层（–118.33℃）

图片来源：NASA/JPL-Caltech/SwRI/ASI/INAF/JIRAM

从许多方面来看，土星和木星相像，都是由氢气和氦气组成的巨行星。虽然土星和木星相比，色彩不那么鲜艳，温度更低，但土星周围被许许多多的水冰颗粒组成美丽土星环光环（图 2.7）。土星环的大部分可能来自俘获的小天体或卫星在进入土星的洛希极限（Roche limit）后被强大的潮汐力撕碎，形成围绕土星一定环带上密布的小颗粒和尘埃。著名的卡西尼号对土星进行了探索。卡西尼号飞船飞行数十载，对揭示土星及其冰卫星起了极大的作用。通过卡西尼号的观测，人们发现土星每隔 20～30 年便出现一次超级风暴。风暴从一个地方开始，大致沿东西方向传播，绕土星一圈，持续半年以上。

图 2.7　卡西尼号在土星自身的阴影处拍摄土星

其中背面的土星环反射太阳光到土星上，形成图中的现象

图片来源: NASA/JPL/Space Science Institute

天王星和海王星距离太阳太远，目前还没有专门的航天探测器对其进行专门观测。它们的表面呈现蓝绿色，这是因为大气中少量的甲烷吸收了可见光的红色波段。它们的大气层中只有微弱的云带，类似于在木星和土星上看到的景象。天王星像土星一样，有一个非常纤细的环系统。海王星至少有三个环。它们与土星和木星有着非常相似的旋转周期，但有趣的是，天王星有着奇怪的自转轴倾角（97°），也就是它是太阳系唯一一个“躺着转”的行星。由于这个倾角，天王星出现了一个独特的大气现象，也就是天王星的赤道并不会受到持续的日照，反而是它的南极和北极分别会受到连续 42 年的持续光照。

4 个巨行星都有许多卫星。已知的卫星数量从木星到海王星分别为 69 个、62 个、27 个、14 个（表 2.2）。这较少与类地行星卫星形成鲜明对比。特别需要指出的是，木星的四颗巨大的固态卫星分别为木卫一（Io）、木卫二（Europa）、木卫三（Ganymede）和木卫四（Callisto）（图 2.8）。因为这些卫星是伽利略最早用望远镜观测到的，因此它们被命名为伽利略卫星（Galilean satellites）。伽利略卫星的密度随着与木星的距离增大而减小，岩石成分随着距离增大逐渐减少，而水冰的比例则逐渐增大。其中，木卫三和木卫四主要由水冰组成，而不是由岩石组成。已知水冰存在于木卫二、木卫三、木卫四三个卫星表面，而最靠近木星的木卫一由于受到强大的潮汐力作用，在太阳系中有着最活跃的火山活动。

土星最大的卫星是土卫六（Titan），其大气成分主要是氮气，还含有部分甲烷，木卫六表面大气压力是地球大气压的 1.5 倍。木卫六表面有以液态甲烷和乙烷为主要成分的湖泊和海洋，有着和地球相似的河床、沙丘等地貌，不过其组成成分是复杂的碳氢化合物。

从以上简要介绍可以看出，气态巨行星的冰冻圈主要存在于卫星系统中。这些卫星甚至主要由水冰组成，冰冻圈发育非常丰富，这与地球冰冻圈有很大不同。

图 2.8　木星的四颗伽利略卫星图像

从左到右分别是木卫一、木卫二、木卫三和木卫四。木卫一最靠近木星，因而受到巨大的潮汐力作用在内部产热，其地表火山活动最为活跃；木卫二地表有许多构造活动，地下可能有海洋；木卫三和木卫四离木星较远，因而地表构造特征较少。这些图像由伽利略航天器的固态成像系统（CCD）在 1996～1997 年拍摄

图片来源：NASA/JPL/DLR https://www.jpl.nasa.gov/spaceimages/

2.2.3　太阳系的其他星体

1. 冥王星

前文讲到过，冥王星曾被认为是太阳系的第九大行星，但在 2006 年被“降级”为矮行星。这并不妨碍它是一个非常值得关注的星体。由于距离地球太远，直到 2015 年冥王星还没有被探测过。冥王星在许多方面都与八大行星不同，它处于海王星轨道之外，但物理特性却与巨行星完全不同，而与小行星或柯伊伯带的小天体更接近。直到 2006 年发射的新视野号（New Horizon）航天器在经过 9 年飞行之后，于 2015 年飞掠了冥王星，

并发回了大量图片和探测数据，才对其有较为细致的了解。

新视野号航天器的观测表明， 冥王星及其卫星的复杂程度远远超出原来的预期。冥王星有着非常复杂的地质活动，特别是其 Sputnik Planum[冥王星表面浅色最为平坦的区域（图 2.9）]上直径约 1000 km 的年轻的以氮为主的冰川引起了学者极大的兴趣。冥王星的大气霾和低于预测的大气逃逸率都颠覆了先前模型的预估。冥王星大气压力发生过剧烈的变化，并且其表面可能存在液体挥发组分，这之前仅在地球、火星和土星的卫星泰坦上观测到过。新视野号航天器还观测到，冥王星唯一的卫星卡戎有蓝色的稀薄大气层。

图 2.9 新视野号航天器于 2015 年 7 月 14 日拍下的冥王星（右下）和它的卫星卡戎（左上）

该图像是由新视野号上的多光谱相机 MVIC 拍摄的由蓝、红和红外波段图像合成的假彩色图像，不同波段的对比经过适当调整以突出不同地质单元之间的对比

图片来源: NASA/JHUAPL/SwRI https://www.nasa.gov/feature/new-horizons-top-10-pluto-pics

2. 小行星带

小行星带是火星和木星轨道之间的一个环状区域。小行星带包含有成千上万的小型天体，其成分以岩石为主。这些带状小行星的轨道要素不是均匀分布的，而是有着明确的间断（图 2.10)，这是由和木星轨道周期的共振产生的。小行星带定义了太阳系内部和外部区域之间的边界。小行星带的天体多数来自行星或未来及生长的行星的残骸。小行星太小且遥远，通过望远镜观察时，它们看起来像是点光源，因此很难确定这些物体的

内在特性。光谱信息可用于对600多个最大和最亮的小行星进行分类，可以分为几种不同的光谱类别，并且具有独特的轨道距离分布，来自大多数小行星的光线强度周期性变化，时间为几个小时，这是由锯齿状和不规则形状的物体旋转造成的。

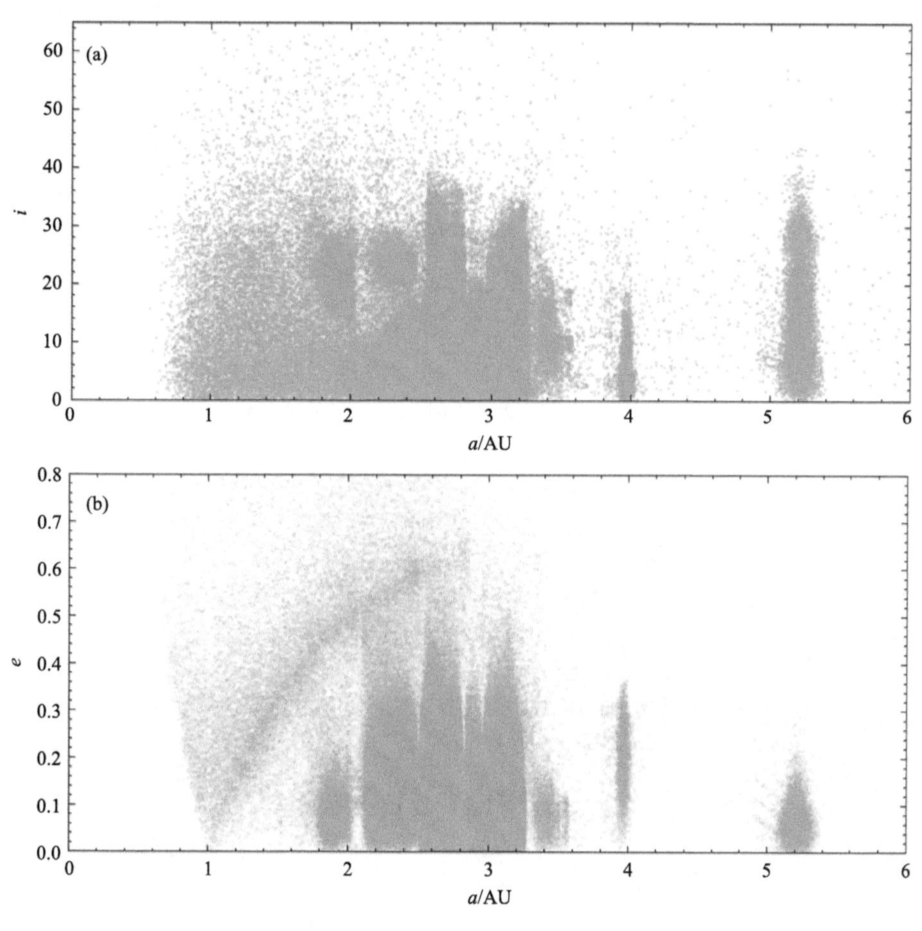

图2.10 太阳系小天体的轨道要素

（a）轨道倾角（i）与轨道半长轴（a）的关系；（b）轨道的偏心率（e）与轨道半长轴（a）的关系

资料来源：The International Astronomical Union (IAU), Minor Planet Center, https: //minorplanetcenter. net/about.

小行星带中最大的天体是谷神星，直径达950 km。2006年谷神星被定义为矮行星。谷神星和类地行星有一定的相似之处，但密度偏低（约2×10^3 kg/ m^3），因此谷神星内部可能有由一颗岩石组成的核和水冰为主的“谷幔”。谷神星表面遍布撞击坑，但没有很大的撞击坑，这意味着其表层下面的冰可能造成了早期形成的地形松弛。黎明号（Dawn）探测器飞掠谷神星时，发现其表面很多撞击坑内有着较为明亮的斑点，其成分可能是盐类（碳酸盐或硫酸盐）。在小行星带内，第二大行星是灶神星（Vesta）。与谷神星不同，灶神星是一颗以岩石为主的小行星。通过对谷神星和灶神星的观测，人们了解到小行星带中有着内部结构和组成差异很大的天体，这也印证了小行星带是从内太阳系到外太阳系的过渡区域。

3. 柯伊伯带

20 世纪 90 年代初以来，人们发现在冥王星轨道附近及其以外的低倾角轨道上存在着大量不同类型的小型天体，如轨道偏心率散布很广的半人马小行星（Centaurs）。这些小行星因为轨道经过巨行星附近，所以很容易被转移。在更远的地方，如距离太阳 30～50 个天文单位的地方，低倾角的轨道上分布着很多小天体，形成一个延伸的扁平圆盘，这就是柯伊伯带。过去这个区域被认为是空无一物的。后来发现，柯伊伯带中分布着大大小小以含水冰为主的天体，其中还不乏直径达到冥王星级别的矮行星，如 2006 年用哈勃望远镜观测到的阋神星和它的卫星阋卫一（Dysnomia）（图 2.11）。阋神星比冥王星的体积稍大，有着类似的光谱特征。事实上，在比柯伊伯带更遥远的地方，还存在着塞德娜这种轨道非常古怪的天体（偏心率极高）和更外层的奥尔特星云中的小天体们（图 2.3）。根据早期太阳系动力学模型尼斯模型（Nice model），太阳系巨行星在形成的时候可能有着比现在更紧凑的轨道。但因为其与当时太阳系中小型的岩石和冰块进行角动量交换而在向外迁移，在此过程中外围的微行星被“散射”出去，形成现在太阳系外围多微行星这一结构。该模拟结果也可以解释柯伊伯带和奥尔特星云等现象。截至目前，人类对这些太阳系外围天体的观测数据还不多，它们的性质和起源还有待继续探索。

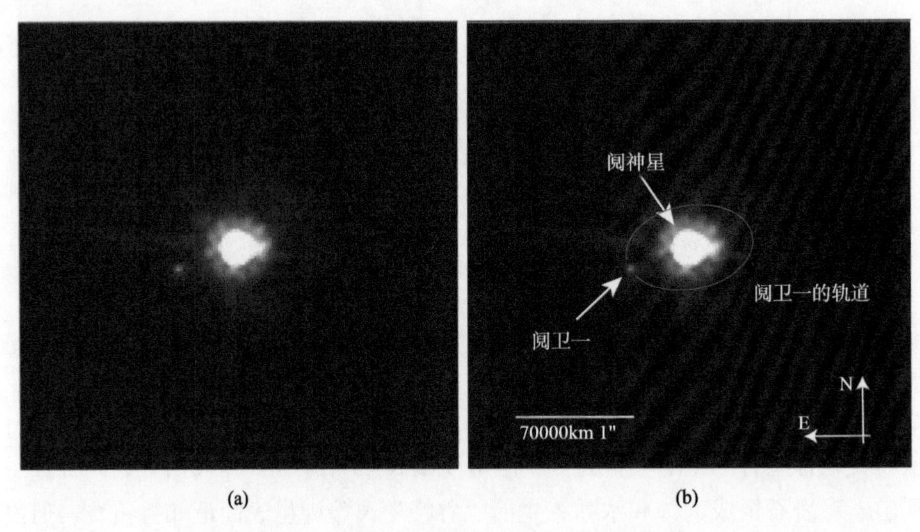

图 2.11 哈勃望远镜拍摄的阋神星及其卫星

（a）矮行星阋神星及其卫星阋卫一。图像于 2005 年 12 月 3 日和 2006 年 8 月 30 日之间由哈勃望远镜拍摄。结合哈勃望远镜和 Keck 望远镜的图像数据，以及阋卫一轨道的准确测量给出了阋神星质量的估计，可知它是太阳系中最大的矮行星。（b）为加注后的（a）图，其中卫星的轨道被投影在该图的平面上

图片改自：NASA/ESA /M. Brown （CalTech）

4. 彗星

彗星可能是太阳系中变化最小、最古老的天体，其经历了太阳系演变的整个过程，很可能保留了太阳系早期易挥发组分的演化证据。因此分析彗星的化学成分对研究太阳系的演化非常重要。彗星一般分为两种轨道，短周期彗星有着小于 100 年的轨道周期，轨道偏心率小于 0.9，与近地小行星（near earth asteroid）的轨道没本质区别。长周期彗星则不同，它们的典型轨道周期达到数百万年。彗星进入火星轨道后会变得非常明亮，气体和粉尘广泛分布在气态的头部，挥发性物质从固体核中形成长长的尾流，半径通常不超过几千米。

研究太阳系中的小天体、小行星、短周期彗星和外行星的冰卫星的相互关系，半人马小行星和柯伊伯带的小天体动力学可能为早期太阳系演化过程中的化学和动力学过程提供重要的约束。

2.3 行星的化学组成和演化

以上简要介绍了太阳系的形成及其主要天体。为了介绍行星冰冻圈，这里探讨挥发组分在太阳系中的分布和不同行星的关系。为了解行星的组成和不同成分在太阳系的分布，需要讨论行星的来源，也就是组成行星的物质和它们形成的地点。

2.3.1 行星的化学成分

行星是由什么组成的？以地球作为例子，可以通过直接观测来限定地球不同圈层的成分。通过分析上地壳不同成分的近海沉积岩，可以估算上地壳的平均化学成分，O、Si、Al、Fe、Ca、Na、K、Mg 是上地壳最富集的元素。然而对于地幔和地核的成分，目前还仅能通过一些地球物理方法（如地震波）和遥感手段（重力测量、磁场等）进行探测。而根据这些测量得到的数据可得到密度、压缩特性、导电性等，但根据这些基本物理参数来推测行星的内部成分仍有很大的不确定性。为解决这一问题，可以换一个角度，考虑行星形成之初是由哪些富集元素组成的。

不同元素的宇宙丰度由太阳星云中的核物理过程决定。氢和氦是宇宙形成时大爆炸产生的两种基本元素，在宇宙中丰度最高。重元素（天文学家称之为“金属”）在恒星中形成，然后散入星际介质，这些物质可用于形成太阳系。对于低质量的核素，α 粒子的组合在核合成过程中非常有利，也就是质量数等于中子数的 4 个质量单位的倍数。例如，结合四个 α 粒子形成的氧元素，因为其核壳结构而特别有利，所以氧是紧接着碳的最丰富的元素，氖（五个 α 粒子的组合）和氮（不是 α 粒子的组合）稍微落后。随着质量的增长，核素的稳定变得更复杂，但镁、硅和铁的形成特别有利。所有比铁质量更高的原子核都不太稳定，因此铁是核合成的平衡“终点”。

通过光谱分析可以确定太阳光球层的元素丰度。太阳元素丰度与一些陨石中测量的元素相对丰度有着很好的相关性（最易挥发的元素除外）。需要指出的是，这样的对比并不能做到非常精确，因为不同类别陨石的化学成分也不同，太阳元素丰度的光谱分析也有其不确定性。但它们总体上的一致性为我们了解行星构成的化学组分提供了重要的线索。注意这里所说的陨石可能并不能代表原始太阳系的化学成分。因为对于未经历过行星分异过程的球粒陨石（chondrite），它们可能是经过某种方式处理过的原始材料。例如，球粒陨石常常含有“球粒”（chondrule）的构造，它们的形成需要经历一个瞬时高温和冷却的过程，其中就可能发生一定的化学成分分异。目前普遍认为最原始的陨石是一类碳质球粒陨石（CI chondrite）。往往假设球粒陨石代表的主要元素丰度可以代表固态星球形成的主要成分，这类物质存在于太阳系的早期，它们在小行星带内分布广泛，这对于行星科学是一个很重要的假设。

虽然元素的丰度是由核物理决定的，但大多数元素在形式上不稳定，它们多作为分子或化合物存在。因此了解物质的化学组成和其各相之间的差异非常重要。例如，水在地球表面有三种不同的很接近的相态：水蒸气、液态水和冰。如第 1 章所述，如果考虑不同行星的温度和压力条件，就会涉及水的许多晶体结构各异的高压冰相。为了方便，常常把宇宙中的物质分为三大类：①“气体”：那些在行星形成时可能达到的条件下不会凝聚（即形成固体或液体）的物质；②“冰”：挥发性化合物，并且只在低温下凝结的物质（通常在小行星带之外）；③“岩石”：在高温下凝结并为类地行星提供材料的岩石。

2.3.2 原行星盘的模型和平衡凝聚

接下来要考虑的是原行星盘中物质的分布情况。为了解原行星盘中不同物质的分布情况，首先需要知道星盘的总质量，也需要一个“最小质量太阳星云模型”（minimum mass solar nebular）。虽然无法得知形成太阳系的原行星盘中气体和尘埃的总质量，但可以通过观察到的太阳系行星的成分和质量来反推出太阳星云质量的下限，并通过太阳星云的最小质量，推测出太阳原行星盘中物质分布的大致情况。

可以假定在太阳星云形成之际，一个气体和尘埃盘围绕新形成的太阳，这个原始的行星盘有着和太阳相同的成分。根据太阳系不同位置的行星和其他小天体中金属元素（比 H、He 重的元素）和氢的比值，可以推测出形成这些天体所需要的气体和尘埃的总质量。这样便可以定义一个“最小星云质量”，这样得出的“最小星云质量”至少是 3%太阳质量，大约是一万个地球的质量。取这个总质量，并将其分布为具有表面密度（每单位面积质量）的圆盘，就可以得到一个原行星盘的表面密度模型。这种表面密度必须随着与太阳的距离增大而下降。为保证岩石在距离太阳近的地方凝聚，水冰必须在更远的地方凝聚。根据星盘中的局部压力必须平衡（主要来自恒星的）引力，加上行星盘由气体自身的压力支持，就可以得到星盘中压强和密度的分布。这个原行星盘模型的一个重要作用是，给出了原行星盘中温度和压强的分布，就可以用平衡凝结的思路来预测行星形成时物质凝结的过程。

平衡凝结的思路是，根据某个位置的温度和压力可以计算出这个地方应存在的物质。在基本的化学成分中，一旦该组分的分压超过蒸气压，即当$P_{\text{partial}} = f \times P > P_{\text{vap}}$时，混合气体的组分就会发生冷凝，其中 f 是组分比例，P 是总压强。例如，水分子在行星盘中的含量是 10^{-3}，水会在 $10^{-3}\ P$ 压力超过蒸气压 P_{vap} 的地方以外凝结，其中压强是轨道半径 r 的函数，水的蒸气压是温度 T 的函数，和 r 有关。在大概 4.2 个天文单位的地方，星盘的温度是 $T = 165$ K，对应的蒸气压大致为 5×10^{-5} Pa，等于该处的压强约 6×10^{-5} Pa。在这个简单的星盘模型下，可以推测，水的"雪线"大约在距离太阳 4.2 个天文单位的地方，正好位于火星和木星之间。

按照同样的推理，假定一个静态星盘环境从最初的热态冷却，就可以得到一个"平衡凝聚序列"。当它冷却时，不同的物质按照平衡热力学定律凝结。除温度和压力条件之外，对于不同物质的丰度的预测也非常重要。图 2.12 为计算得到的不同组分的凝结温度（Lewis, 2015）。例如，最难熔的 Al 和 Ca 的氧化物是太阳系最早发生凝结的物质，

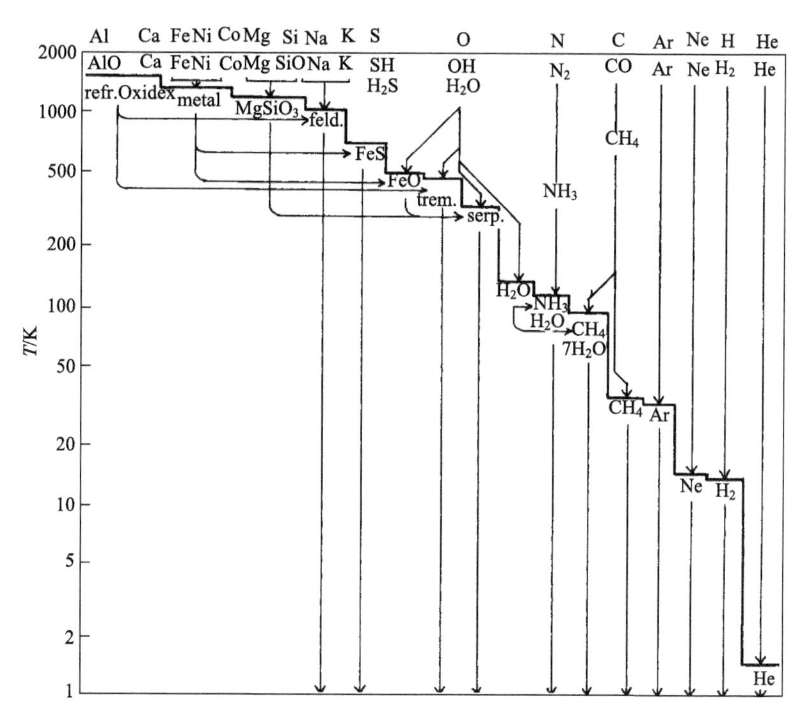

图 2.12　主要元素的平衡凝聚序列（Lewis，2015）

横坐标对应不同的元素和分子，纵坐标为温度

该图显示了不同元素的气态（实线以上）和固态凝聚物（实线以下）在平衡的太阳系物质冷却过程中的反应序列，假设气压是 10^3 Pa。refr. Oxidex 难熔氧化物；metal 表示金属；feld.表示钾钠长石；trem.表示透闪石；serp.表示蛇纹石

也就是现在观察到的球粒陨石中的富钙铝包体（calcium-aluminum-rich inclusions, CAI），通过放射性同位素定年，可以知道它们的年龄，这是已知太阳系中最古老的物质。这个年龄，45.67 亿年，常常被取作太阳系起源的年龄。

现在知道，平衡凝聚的观点可以为我们提供一个太阳系原行星盘凝聚过程的框架认识，但事实上，在早期太阳系的原行星盘中，凝聚过程是不会达到完全平衡的（一些球粒陨石明显经历过挥发），而且太阳系早期的原行星盘也经历过动态变化的过程，其中不同区域的温度和压力不是一成不变的。尽管如此，平衡凝聚的思路在一定程度上解释了太阳系中不同物质的分布，特别是水冰等挥发组分物质的总体分布。

2.3.3 太阳系中水冰的分布

如前所述，雪线就是水冰（或其他挥发组分）在太阳系开始出现平衡凝结的某个区域。前文给出了一个简单的星盘模型对于原行星盘中雪线的预测。实际上“雪线”是一个相对的概念。在不同温度条件下，对于不同的挥发组分，雪线会在不同的位置出现（也因此有了“硫线”“一氧化碳线”等名词），而且随着时间的推移，雪线的概念也在发生变化。但这一概念仍给了我们一个很好的参照。观测表明，太阳系中 5 AU 以内不存在内部含有大量冰的天体（谷神星除外），然而水冰对于木星轨道或更远处的大多数物体来说是相当常见的。我们所说的“大量含冰”是指行星的主要成分有冰，地球虽然水冰遍布表面，但相对整个行星质量来说，水圈和冰冻圈的质量和体积几乎可以忽略不计。相反，无论是巨行星、矮行星、柯伊伯带的小天体，还是巨行星的卫星上，水冰常常是主要组成成分，而且是比岩石更重要的组成成分。由此可以很自然地解释这是行星形成的条件决定的。这主要因为温度随着与太阳的距离增大而降低。当然这一理论对于很多太阳系外行星来说并不一定适用（如之前提到的“热木星”）。但如前所述，热木星有可能形成在雪线之外，之后才向内迁移到达它们目前的位置。

虽然按照雪线的理论可以很好地理解水冰主要分布在雪线以外，但显然在类地行星形成的区域也有水和冰存在。水星、月球上的终年阴影处有少量水冰，火星有水冰和干冰组成的极地冰帽，特别是地球表面有大量液态水，孕育了地球上的生命。这些行星所处的轨道并不在水可以凝聚的地方。据此看来，地球上的水有可能不是原生的，而是来自离太阳更远的物体（如小行星和彗星）的增生所带来的。目前从氢同位素的比值（D/H）来看，小行星的氢同位素比值和地球更为接近。但究竟类地行星上水从何而来，尚无定论。

在太阳系外围，水冰是常见的组成部分，特别是在巨行星的冰卫星上。在这些遥远的天体上观察到以前无法想象的水冰和在水冰形成的壳层上发生的地质过程。对于岩石行星来说，小型天体几乎不会有地质活动，因为只有在行星刚形成的时候才有足够的能量使得岩石发生融化，产生岩浆活动。但对于由水冰组成的天体来说，强的潮汐力可以导致冰的相变，以及在地球上从未发生过的地质过程。例如木卫二，它的表面完全被水冰和一些水合矿物覆盖，其中红色的部分可能含有盐类或有机物。伽利略号探测器最重要的成果之一就是发现了木卫二具有磁场。这意味着木卫二近表面有一个导电层，几乎可以肯定是液态水。木卫二表面可能有一些区域地貌受到了冰下海洋的影响。事实上木卫二的冰层下存在海洋并不意外，因为木卫二被它附近的木卫一和木卫三强大的潮汐力所影响，从而其内部生热，在合适的压力条件下形成液态水。木卫二冰壳下方的海洋对于寻找地外生命有重要的意义，因为水、离子甚至有机物充分符合目前认为生命所需的必需原料。对于将来去木卫二的航天任务来说，木卫二冰壳下方的海洋与表面的距离是个重要的科学问题，至今还有很大的争议。对于其他有着大量冰的卫星，如木卫三和木卫四，根据理论计算，它们内部的结构和木卫二不同，一方面他们的表层冰层更厚（冰相 Ih），另一方面他们内部的压力可以达到水冰的高压相（如冰相Ⅵ和冰相Ⅶ）的范围，这样就形成了水冰+海洋+水冰的夹心结构。除木星的卫星之外，在直径仅有 500 km 的土卫二的南极地区，有着惊人的条带状的热异常区。在这些热异常区，人们还观察到土卫二从内向外喷射水汽和成分固体冰粒的混合物的观测证据。卡西尼号飞船的重力场数据表明，土卫二的南极地区存在重力的负异常，通过和地形的对比发现，其冰壳下方可能存在相对密度更高的物质。研究者推断，这有可能是一个地下的液态水海洋。

太阳系中不同行星的冰冻圈受到挥发组分性质、行星地表环境、潮汐力作用等多方面因素的影响，造成丰富的地质过程和现象，后面的章节会对不同行星的冰冻圈过程进行详细讨论。

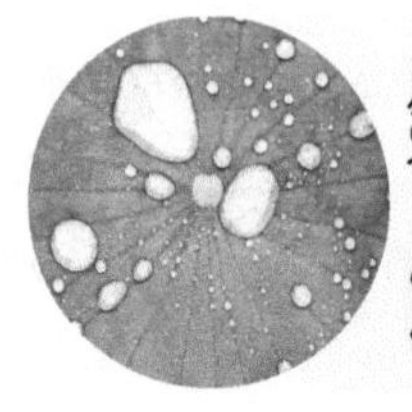

第3章 地球早期的冰期

第2章介绍了太阳系的形成、各主要行星及水分的分布。本章先介绍与行星地球冰冻圈相关的知识。关于新生代以来的冰期、第四纪冰冻圈和现代冰冻圈，本套丛书的其他卷都有详细介绍。因此，本章将集中介绍地球早期历史上几次大的冰期，也是地球冰冻圈发育最强盛的几个时期。另外，通过对地球早期冰川的回顾，也有利于把地球看作一个行星，并将其冰冻圈与其他行星或卫星的冰冻圈对比。

关于地球早期有几次较大规模的冰期有各种不同的观点。这里按照图1.2所给出的五次大冰期的结论。这五次冰期分别为25亿～23亿年前的古元古代成铁纪的休伦冰期、8亿～6亿年前的新元古代的成冰纪冰期、4.5亿～4.2亿年前晚奥陶世和早志留世的安第斯—撒哈拉冰期、3.6亿～2.6亿年前的晚石炭世和早二叠世的卡鲁冰期以及2.58Ma前至现在的第四纪冰河期。而我们正处在第四纪冰河期的一个相对温暖的间冰期。

在这五次大冰期中，成铁纪休伦冰期和成冰纪冰期是全球规模的，持续时间最长，均在千万年甚至亿年以上，也是地球历史上最寒冷的时期。这两次冰期可能各自包含2～3次冰期。地质证据表明，在这两次冰期中，当时的热带大陆上都发现了冰川的痕迹，可见冰川已推进到了赤道地区，地球几乎变成了一个白色雪球，因此这两次冰期也被称为“冰雪地球”事件。

除上面所列出的五次冰期之外，一些研究认为还存在其他几次规模不太确定的冰期。例如，太古宙中期约29亿年前可能发生过一次冰期，但能找到的记录极少。新元古代的成冰纪之后可能发生过一次相对短暂的冰期，称为Gaskiers冰期（约5.8亿年前），在几个地方发现了冰碛岩，但是它的古纬度有很大的不确定性。白垩纪中晚期（1.15亿～0.7亿年前）也可能发生过一次或几次冰期，该时期的极地有小规模冰川生长，但是这些推测主要基于同位素变化和海平面变化的证据，基本没有直接的冰碛岩观测，所以具体的发生时间和强度都有争议。由于第四纪冰河期距离现在比较近，相关观测很多，理论和模拟研究也比较丰富，因此丛书中的《第四纪冰冻圈》会专门做详细的阐述。

3.1　碳-硅循环和地球气候系统的稳定性

在地球 46 亿年的历史上，除这五次主要冰期外，其余大部分时间内，气候都比较温暖（图 1.2）。虽然自地球形成以来，太阳的亮度增强了约 30%，大陆面积一直在增加，板块运动导致陆块位置和地表地形都在不停地改变，大气中温室气体的含量也存在较大幅度变化，但是地球气候是相对稳定和宜居的，说明地球系统有一种稳定机制，该机制能够使地表温度不易出现大幅度波动。相对地球长期稳定的气候来说，这几次大的冰川事件可以看作突破了该气候稳定机制的失控状态。下文首先对该稳定机制做简要介绍。

首先，地表温度由太阳的辐射能量决定；其次，大气温室气体的浓度也对地表气温有重要作用。如果地球大气没有温室气体，地表温度是–18 ℃。而今天实际的全球平均地表气温是 15 ℃，这说明大气温室效应使得地表温度升高了 33 ℃。可见温室气体对于地表温度的重要性。现代地球大气中温室气体包括 CO_2、甲烷（CH_4）、氧化亚氮（N_2O）、水汽等。其中最重要的是 CO_2，因为它的温室效应比较强，而且在大气中比较稳定。所以搞清楚大气中 CO_2 浓度的变化机制对理解气候的稳定性有重要的帮助。

在地质时间尺度上（百万年或更长时间），大气中 CO_2 的主要来源是火山喷发，而它的汇是地表风化化学反应，也就是大气中的 CO_2 在降水的作用下与地球表面的硅酸盐岩石发生化学反应，形成溶于水的碳酸根（CO_3^{2-}）和碳酸氢根（HCO_3^-）离子，随地表径流进入海洋。这些离子和钙或镁离子结合（通常在生物作用的帮助下，如有孔虫、放射虫和硅藻等的成壳过程）形成碳酸钙或镁，沉积到海洋底部，然后随着板块俯冲被带入地球内部。与此同时，在高温高压下，碳酸岩会产生 CO_2 并通过火山活动被释放到大气中，从而完成一个完整的 CO_2 循环。该碳循环过程可以用下列化学反应方程来描述：

$$CaSiO_3 + CO_2 \rightleftharpoons CaCO_3 + SiO_2 \quad (3.1)$$

该可逆反应通常被称为碳-硅酸盐循环。式（3.1）中，自左向右的反应需要通过液态水的作用，而自右向左的反应需要高温高压作用。正是通过该循环反应，大气中的 CO_2 维持在相对稳定的波动范围内，使得地球气候不至于出现剧烈的变动。

气候对风化的影响是非常显著的，进而能够显著影响大气中 CO_2 浓度的变化。虽然大气中 CO_2 的移除主要是通过化学风化式（3.1）实现的，但是地表的物理冲刷和剥蚀过程对化学风化的效率有很大影响，有时候甚至是决定性的。这些物理过程称为物理风化。它可以使岩石表面产生破碎，增大水和空气与岩石的接触面积，还可以把留在表面的化学风化的产物搬运走，使得水和空气可以接触到更新鲜的岩石。如果物理风化很弱，地表被厚厚的风化产物覆盖，那么化学风化的效率会大大减弱。因此，气候变化导致季节性温度变化增强，岩石在热胀冷缩的作用下更容易破碎，或者降水大大增加而增强了表面冲刷，都可以间接地使化学风化作用增强而导致 CO_2 浓度下降。

对地球气候系统来说，碳-硅循环是一个负反馈（图 3.1），该负反馈使地球气候系统维持相对的平衡（Berner, 2004）。能够形成负反馈是因为风化反应式（3.1）的速度对温度和湿度都很敏感。一般来说，化学风化随着温度的升高和陆地表面湿度的增大而加快。因此当 CO_2 浓度增大的时候，气候变暖，气温会升高且降水量会增加，导致风化反应速度加快，从而使得大气中 CO_2 的浓度减小，形成了一个负反馈；反过来气候变冷的时候，风化反应变慢，移除 CO_2 的速度小于火山喷发 CO_2 的速度，大气中 CO_2 浓度会逐渐增大，使气候变暖。除温度和降水，气候变冷产生的冰川可以覆盖陆地表面，大大降低风化的速度，也可以使得 CO_2 浓度逐渐增大。气候与碳循环之间的这种负反馈在长时间尺度上对气候的稳定性有非常重要的作用，上文所说的五次大规模的冰河期，都和该负反馈作用机制遭到了破坏有关。

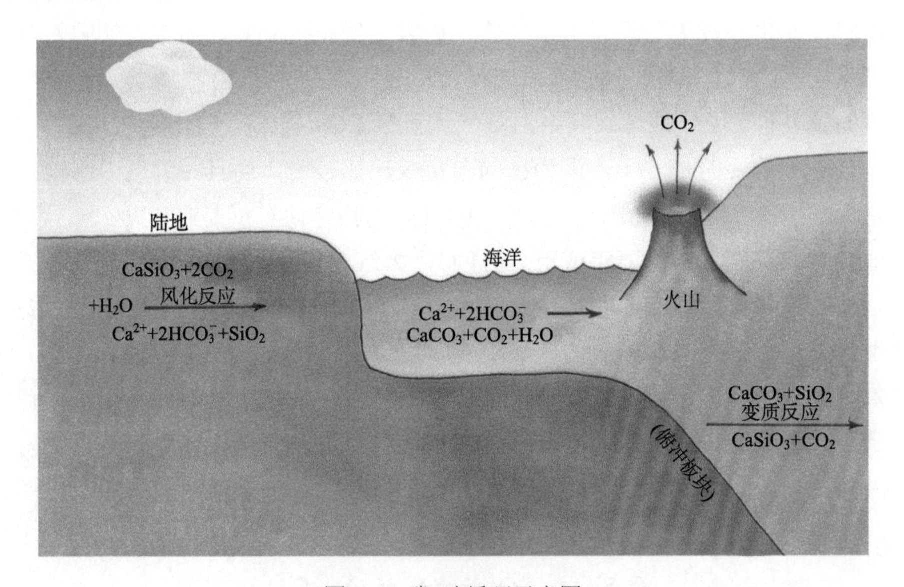

图 3.1 碳-硅循环示意图

图片来源：James F Kasting. 2015. The Faint Young Sun Problem. 北京大学物理学院大气与海洋科学系特邀报告.[2015-11-4].

板块运动造成的大陆重新分布和陆地地形的变化有可能破坏气候与碳循环之间的负反馈。例如，大陆都位于低纬度的时候，气候的变冷不能在陆地上产生冰川，减小陆地裸露的面积，并且气候变冷的时候，低纬的温度变化是最慢的，因此不能有效减弱风化反应的速度而产生负反馈。再如，在板块碰撞比较活跃的时期，虽然气候有可能在变冷，但是地形在不停地隆起，产生大面积的坡度比较陡的地方，很容易被剥蚀而加速化学风化，因此可以抵消气候变冷造成的化学风化减弱，从而使得气候与碳循环之间的负反馈失效。

相对于地球气候系统的稳定机制，在其他行星上，该负反馈机制未必起作用。现有的研究认为，金星和火星在 30 亿年前气候比较温和，均存在液态水甚至海洋。但今天，金星表面温度高达 480 ℃，而火星的表面温度为–60 ℃。这说明地球气候系统的负反馈机制在这两颗类地行星中均不起作用。什么原因导致了这两颗行星气候稳定机制被破坏？主要因为它们没有液态水。在行星表面缺乏液态水的条件下，火山继续喷发 CO_2 到大气中，但风化反应则不存在，从而导致金星和火星大气中 CO_2 的含量均在 95%以上，远远高于地球大气的 0.4%。所以液态水的存在是气候系统负反馈机制得以运行的关键。在金星和火星气候系统中，该负反馈机制不起作用，从而这两颗行星一个太热，一个太冷，不适宜生命存在。

除碳-硅循环，生物在碳循环中的作用和对 CO_2 浓度的影响也极为重要。生物的光合作用吸收 CO_2 生成有机碳，在合适的条件下有可能会被大量埋藏（如煤和石油就是被埋藏的有机物形成的），造成大气中 CO_2 浓度降低和 O_2 浓度上升。这些被埋藏的碳也有可能通过地质或人为活动重新暴露出来而被氧化成 CO_2。这个过程可以用下面的方程式表示：

$$CO_2 + H_2O \rightleftharpoons CH_2O + O_2 \tag{3.2}$$

在新生代（66Ma 前～现在），约 20%的 CO_2 可能是通过生物埋藏的作用被从大气中消除的（Shackleton, 1987）。耐氧化生物的出现可以大大增加生物埋藏，从而降低 CO_2 浓度，可能对卡鲁冰河时期的出现起过重要作用。因此，生物的演化可能会改变地球系统的碳循环而影响气候系统的稳定性。

3.2 早期地球

如图 1.2 所示，地球早期的气候比现在温暖得多。在地球形成一直到约 38 亿年前这段时间内，目前还没有发现冰期的痕迹。这一方面可能因为当时陆地面积比较小，很难保留下来地球早期冰川的痕迹。另一方面也有可能是当时的地球温度较高，很难形成冰川。在 38 亿～25 亿年前也只观测到了很少的冰期现象，目前唯一的冰川痕迹是在南非发现的 29 亿年前的冰川沉积层，但是这个冰期的规模不能确定。

如果确实在这么长的时期内基本没有形成过冰川，是难以理解的。因为恒星演化模型告诉我们，太阳在 46 亿～25 亿年前要比现在的亮度弱 20%以上，但气候却比现在更温暖，这个问题通常被称为暗弱太阳悖论。对于这个悖论，曾提出过多种理论来解释，如因为早期地球大气没有 O_2，所以大气有可能含较多的 CO_2、CH_4、NH_3 或者 OCS（carbonyl sulfide），其温室效应作用弥补了太阳强度的不足。如果是这样，当时大气的温室气体含量应非常高。也有其他试图解释暗弱太阳悖论的假说或建议，但所有的建议均无法全面解释暗弱太阳悖论问题。因此，暗弱太阳悖论问题到现在为止还没有令人信服的解释。

3.3 古元古代冰雪地球

元古代的时间为25亿年前一直到寒武纪（约5.4亿年前）开始，是所有纪元中最长的一段时期。元古代开始的标志是大气中氧气的出现，结束的标志是复杂动物（如三叶虫和珊瑚）的出现。在元古代的起始阶段和结束阶段都出现了全球规模的冰期，而在中元古代（18亿～8亿年前）的整个10亿年间，地球气候都比较温暖（图1.2），这10亿年也被称为“乏味的10亿年”或 “沉寂的10亿年”。

发生在起始阶段的冰河期是古元古代（25亿～16亿年前）的休伦冰期。它的命名是由于该时期的冰川沉积物是在加拿大安大略省的休伦盆地最先发现的。这个盆地的沉积物剖面一共记录了3次冰川沉积，它们形成的年龄在25亿～23亿年前。同时期的大部分其他地区的地质剖面只记录了一次或两次冰川沉积，而南非地区则记录了4次冰川沉积。因此，从沉积记录上来讲，休伦冰河期具体发生了多少次冰川事件，以及每次冰川的规模和持续的时间都还不能确定，一般认为发生过3～4次。根据古地磁证据，人们发现南非的冰川沉积发生的古纬度为（11±5）°（Evans et al., 1997），其他地区的古纬度也基本都在低纬度甚至在赤道上，并且这些沉积并不是出现在高地上，而是发生在海平面附近。据此人们推断这几次冰期的规模可能是全球性的。由于全球都基本被冰雪覆盖，看起来像个雪球，所以被命名为冰雪地球事件。Snowball Earth 也被翻译为“雪球地球”，我们这里采用冰雪地球的名称。

3.3.1 冰雪地球假说

冰雪地球事件的主要证据是古赤道附近低海拔地区的冰川沉积（冰碛岩），而由于没有任何直接的证据可以表明海冰推进到热带的什么位置，或者说热带海洋是否也被冰封。因此便产生了几种不同的假说，其中两种主要假说是：①硬冰雪地球（hard snowball Earth；Hoffman et al., 1998）假说；②软冰雪地球（slushball or soft snowball Earth；Hyde et al., 2000）假说，也翻译为泥球假说。软冰雪地球假说、硬冰雪地球假说都认为所有的大陆都被冰川覆盖，但它们之间的区别在于，硬冰雪地球假说认为包括热带海洋在内的海洋也都被冰封，而软冰雪地球假说则认为热带海洋还保留开放的水域（图3.2）。这两者之间的区别起初看起来很小，实际上却在气候系统的稳定性和生命演化等方面有着本质的差异。

如果的确如硬冰雪地球假说那样，热带海洋也全部被冰封，由于海冰的反照率很高，地表接收到的净太阳辐射将大大减少，因此地表温度将降到非常低，计算表明，赤道的温度会降到–40 ℃以下，中高纬度的气温会更低。在这样的低温条件下，海冰的厚度将达到1～2 km。在海冰如此厚的情况下，阳光将无法穿透海冰，海洋中的微生物便不能进行光合作用，从而导致生物灭绝。另外，大气中的氧气也被海冰所隔绝，海洋处于缺氧状态，有利于某些还原性离子（如Fe^{2+}）在海水中大量累积。

硬冰雪地球假说面临的另一个重大挑战是如何融化。融化硬冰雪地球需要大气中的CO_2浓度非常高，现有的计算表明，大气中CO_2的含量至少需要达到0.4个标准大气压（Hu et al., 2011）。如果按现在的火山喷发CO_2的速度，再考虑一部分通过风化反应沉降到洋底，那么需要上亿年的时间累积如此高浓度的CO_2。而地质证据表明，两次冰雪地球事件中，每次冰川过程应该不会超过数千万年。因此，想要解释硬冰雪地球的融化也是比较困难的。

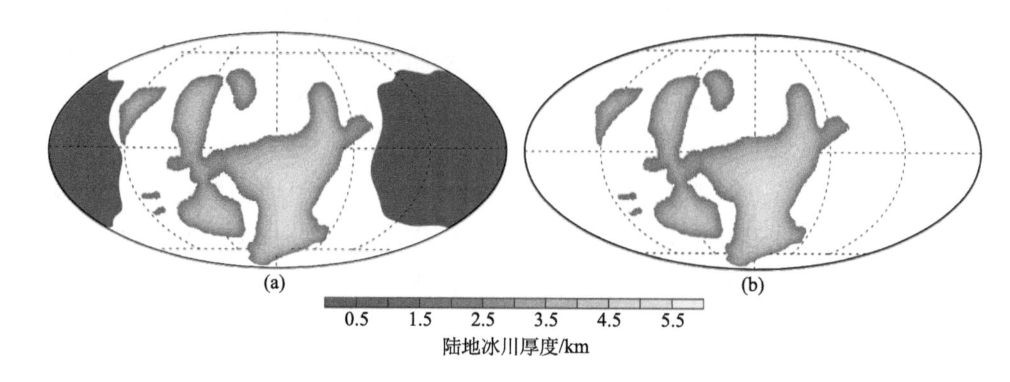

图3.2 软、硬冰雪地球示意图

（a）软冰雪地球；（b）硬冰雪地球

图中陆地分布采用的是7.20亿年前的分布，大陆都被冰川覆盖。紫色区域表示的是大陆上冰盖的表面高度，白色区域为海冰，蓝色区域为无冰的海洋

对于软冰雪地球来说，赤道附近仍维持开放的海域，赤道附近的海洋表面温度在0～10 ℃，海洋微生物仍然可以进行光合作用，原始生命仍然可以繁衍，这也是一部分学者倾向于软冰雪地球假说的原因。对于软冰雪地球来说，融化不是大问题，并不需要很高浓度的CO_2。气候模式模拟表明，小于0.01个标准大气压的CO_2就可以使软冰雪地球融化。但软冰雪地球同样面临一些挑战。首先，理想模型表明，要么冰川和海冰维持在较高的纬度，要么地球进入全冰封状态，很难维持狭窄的热带开放水域，因此，软冰雪地球是一种不稳定的气候态。其次，如果热带维持开放的水域，氧气仍然可以进入海洋。在海洋含氧的环境下，铁是不可能溶解在海洋中的，冰雪地球融化后，也不会出现条带状铁矿，这与地质证据不符。在海-气耦合气候模式中，一些模拟研究表明稳定的软冰雪地球气候态是可以存在的。但关于这一点，目前还没有定论。

在软冰雪地球条件下，热带地区海洋和陆地之间的温度差比较大，在陆地冰盖上可能会形成较大的负氧同位素比值（$\delta^{18}O$）。因为较大的负氧同位素在古元古代地质证据中被发现，所以有人认为古元古代冰雪地球事件符合软冰雪地球假说。相对而言，在新元古代的冰雪地球事件中，冰期结束的最明显标志是盖帽碳酸盐的沉积，并且伴有大的碳同位素比值（$\delta^{13}O$）的负漂移。而在古元古代的冰雪地球事件中，只有和休伦冰期中第二次冰川事件相对应的具有盖帽碳酸盐的沉积，而在其他几次冰川结束后，既没有盖帽碳酸盐，也没观测到碳同位素的负漂移。这不可避免地增强了古元古代的冰雪地球事件的复杂性，再加上古元古代的观测资料稀少和不确定性，该事件到底是硬冰雪地球事件还是软冰雪地球事件还没有一致的结论（胡永云和闻新宇，2005）。

3.3.2 板块运动与冰雪地球事件

古元古代和新元古代两次冰雪地球事件发生的背景有很多相似之处。首先，大陆分布比较靠近赤道。当大陆位于热带地区时，陆地表面常年暴露在大气中，并且热带降水充沛，风化反应较强，大气 CO_2 含量变低，导致全球气候变冷。今天，大陆主要位于北半球的中高纬度。高纬度的大面积陆地长期被冰雪覆盖，风化反应相对较弱。其次，超大陆裂解有利于风化反应。例如，许多研究认为，新元古代冰雪地球事件是因为罗迪尼亚超大陆裂解，从而大陆上整体降水增加，风化反应加强，大气 CO_2 含量降低，全球变冷。最后，板块运动诱发的火山活动增强，产生的大量玄武岩很容易被风化，也有利于 CO_2 含量的降低。这些特征不仅有利于通过化学风化降低大气中 CO_2 的浓度，而且有利于输送更多的营养物质到海洋中，导致生物的繁荣以及有机物埋藏的增加，进一步减小 CO_2 的浓度并同时增加氧气的含量。

由此可知，两次冰雪地球事件都不是偶然的，而是与板块运动密切联系在一起。但大陆位于热带地区并不一定会导致冰雪地球事件发生。在地球历史的其他阶段，也有大陆分布在热带地区，但却没有冰雪地球事件发生。例如，在“沉寂的 10 亿年”，大陆也曾主要位于热带地区（14 亿年前），但气候却没有大的波动。

3.4 新元古代冰雪地球

新元古代冰雪地球事件包含两次全球规模的冰川以及一或两次规模较小的冰川。这两次全球规模的冰川事件分别称为 Sturtian（7.17 亿～6.58 亿年前）和 Marinoan（约 6.4 亿～6.35 亿年前）冰雪地球事件。

目前认为，Sturtian 和 Marinoan 事件持续的时间都很长，在陆地冰川和海冰边界推进到热带之前都出现过一系列规模较小的冰川增长和退缩，因此这两次冰雪地球事件的起始时间都有很大的不确定性。Sturtian 事件的起始时间主要是依据加拿大北部的 Yukon 和中国华南地区地层铀铅测年数据确定的，但是这两个地方在 7.2 亿年前的纬度都相对较高，大约在 20°N 或更高。因此，该起始时间也有可能是一系列相对较小的冰期中最早的一个，而最终形成冰雪地球的时间则晚得多。Marinoan 事件的起始时间也不确定，只能大致限定在 6.49 亿～6.39 亿年前的一个区间，主要是因为找不到合适的可以测年的样品。但是两次冰期结束的时间都可以比较精确地确定。因为冰雪地球的融化是一个快速的过程，有学者认为冰雪地球融化的时间应在 1 万年之内。正是因为 Sturtian 和 Marinoan 冰雪地球事件的融化过程迅速，因此其能够在地层中留下非常清晰的信号。在一般的冰期中，冰川的流动和侵蚀作用会挟带大量的泥沙和杂砾，到了边缘冰川融化，这些杂质堆积产生冰碛岩。在 Sturtian 和 Marinoan 冰雪事件相关的地层中都能观察到一系列冰碛岩，但是只有在最后一次（最上层）的冰碛岩上面观察到了盖帽碳酸盐，并且碳酸盐中的 $\delta^{13}C$ 都有负漂移，所以它的出现可能是冰期完全结束的一个标志。盖帽碳酸盐的出现在全球是同时的，因此有较大的概率找到适合定年的样品。可是由于起始时间的不确定，冰雪地球事件的持续时间仍然不确定，这个不确定性对于解决软、硬冰雪地球假说之间的争论很不利，因此在这方面需要做更多的工作。

Sturtian 和 Marinoan 两次冰雪地球事件的地质证据比古元古代的冰雪地球事件的地质证据丰富得多。除发现有些冰川沉积发生的古纬度非常接近赤道之外，在基本所有的大陆上都发现了古冰川沉积的证据，因此冰川规模的全球性是毋庸置疑的。虽然这两次冰雪地球事件有很强的相似性，但它们之间也有很多不同点。首先，在 Sturtian 冰雪地球事件相应的地层中发现了很多条带状含铁建造（banded iron formation，BIF），而 Marinoan 冰雪地球事件中则基本没有。其次，Sturtian 冰雪地球事件结束后冰碛岩的上方基本没有盖帽白云岩（碳酸盐的一种），而在 Marinoan 冰雪地球事件相关的所有地层中基本都有一层盖帽白云岩，并且其中普遍含有重晶石。另外，在 Sturtian 冰雪地球事件后的盖帽碳酸盐中发现了不少生物化石，而在 Marinoan 冰雪地球事件后的盖帽白云岩中则基本没有。最后，在 Sturtian 冰雪地球事件的盖帽碳酸盐中 $\delta^{13}C$ 常常从冰期前的接近于 0 或正值直接变成一个负值，而在 Marinoan 冰雪地球事件的盖帽碳酸盐中能看到其值逐渐过渡。目前，对这些差异还没有公认的解释。

最初，BIF 和盖帽碳酸盐中 $\delta^{13}C$ 的负漂移都被认为是海洋被全冰封（硬冰雪地球）的证据。因为 BIF 在 Sturtian 冰雪地球事件以前已经有约 10 亿年没有出现过了，它的形成需要海洋中有大量的 2 价铁离子（Fe^{2+}），要求海洋是缺氧的状态，而当时大气中已经有了氧气，因此推测是在海洋被全冰封后，海洋和大气的交换被隔绝了才出现这样的环境。同时海洋被全冰封后，由于海冰很厚（约 1000 m），光合作用不能进行，生命基本灭绝，而光合作用可以把海水中的 $\delta^{13}C$ 从其来源（火山喷发）的–6‰提高到 0‰或者更高的值，所以生命灭绝正好可以解释冰雪地球事件后 $\delta^{13}C$ 的负漂移。但是后来有证据表明，Sturtian 冰雪地球事件发生前，大气的含氧量很低，可能大约只有现代氧气含量的千分之一，即使没有海冰来隔绝大气和海洋，海洋深处（如混合层以下；混合层的厚度一般为几十米，现代全球海洋的平均值约为 50 m）也基本是缺氧的状态。而对 $\delta^{13}C$ 的负漂移也不一定需要生物灭绝来解释，海水中溶解的生物碳如果被矿化同样可以产生类似的负漂移（Peltier et al., 2007）。

3.4.1 冰雪地球的形成和气候模拟

气候模拟研究对于理解 Sturtian 和 Marinoan 冰雪地球事件的规模、气候特征、形成和融化机制提供了很大帮助。例如，最初有人质疑硬冰雪地球的形成很困难，需要在温室气体浓度降到极低条件下才能发生。但是后来的气候模拟表明冰雪地球事件形成比过去想象的要容易得多。假设太阳常数是现在的94%，主要温室气体为CO_2，复杂的大气-海洋环流模式基本都预测硬冰雪地球在CO_2降低到 100 ppmv[①]的量级（60～500 ppmv）时就可以形成。同样，软冰雪地球一开始被认为是一个不可能的气候态，当所有陆地都被冰川覆盖，海冰边缘前进到约纬度 30°的时候，海冰反照率造成的正反馈作用就会导致气候强烈不稳定从而软冰雪地球变为硬冰雪地球，但气候模拟表明这样的气候态也是可以稳定存在的（Liu et al., 2017）。

风化模型的模拟研究也表明，如果超大陆裂解并且地球表面有大量新鲜的玄武岩，那大陆地表风化的加强可以把大气中的CO_2浓度从约 2500 ppmv 降低到 250 ppmv 以下，从而触发一个冰雪地球事件。而这两个假设的条件都是成立的，因为 Sturtian 冰雪地球事件发生前，罗迪尼亚超大陆正在裂解，因此也有很多岩浆活动，形成了巨型的 Franklin 火山岩省。需要指出的是，以上这些解释并没有考虑风化加强造成的生物繁荣和有机碳埋葬对大气中CO_2浓度的影响，有可能低估了CO_2浓度下降的幅度。

生物的进化也有可能对气候变冷并进入冰雪地球有很大的贡献。它的影响方式有两种：一种是通过形体的变大导致更多的有机碳沉降到海洋的底部，这个过程对大气中的CO_2产生净吸收，使得大气CO_2降低，有助于气候变冷和冰雪地球的形成。另一种是通过增加二甲基硫（dimethyl sulfide，DMS）的排放，增加大气中的成云粒子浓度，从而增加大气中的云量。模拟表明该过程能够大大降低地表温度。只有真核生物的老化和死亡才能产生 DMS，原核生物没有这种能力。虽然真核生物有可能 15 亿年前就出现了，但是它们在生态系统中占的比重可能比较小，直到约 8 亿年前，也就是 Sturtian 冰雪地球事件之前才变得重要起来并发展出新的分支。除风化反应增强和生物进化，火山灰对太阳光的遮挡也有可能对进入冰雪地球有帮助。

因为陆地冰盖的发育需要约 10 万年的时间，因此使用复杂气候模式，如大气-海洋环流模式与冰川模式耦合在一起来模拟硬冰雪地球的形成过程是不太现实的。但是由于硬冰雪地球形成的标志是海冰覆盖整个海洋，所以在数值模拟中通常都不考虑陆地冰的变化，只考虑海冰的变化就够了。如果只是模拟海冰的变化，气候模式只需要运行几百年到几千年，完全可以实现。软冰雪地球的形成标志是在热带海洋还没有被海冰覆盖的情况下，整个陆地包括赤道附近的陆地都形成了陆地冰川，所以必须要同时模拟气候和

---

① $1ppmv=10^{-6}$，全书同。

陆地冰的演化。由于其所要求的计算量太大，截至目前，还没有研究使用耦合的大气-海洋环流模式和冰川模式来模拟软冰雪地球的形成。已有模拟使用的都是简单的气候模式，如能量平衡模式，里面基本不包括大气、海洋和海冰的动力学，而只是对大气的水平热输送做一个简单的参数化（Hyde et al., 2000; Peltier et al., 2007）。一些学者使用复杂气候模式得到气候场来驱动冰川模式，发现在气候比较冷的时候也很难在赤道附近的陆地上长出冰川。但他们没有考虑冰川对气候的反馈，因此是一个非耦合模拟的尝试。

在能量平衡模式和冰川模式的耦合模拟中，CO_2 浓度降低到 180 ppmv 左右的时候可以形成一个软冰雪地球，继续降低到约 105 ppmv 的时候可以形成一个硬冰雪地球，并且软冰雪地球一旦形成，将其融化需要的 CO_2 浓度约是 2800 ppmv，这表明如果当时的地球系统每年净产生 CO_2 的速度比较慢，软冰雪地球也可以存在相当长的时间。

鉴于无法直接将大气-海洋环流模式与冰川模式耦合起来，可以首先使用能量平衡模式与冰川模式耦合起来模拟陆地冰川，再将其作为边界条件运用到大气-海洋环流模式中，并进一步来模拟软冰雪地球事件的气候。图 3.3 给出的就是用能量平衡模式与冰川模式耦合模拟得到的大陆冰川分布。如果将其运用到耦合的大气-海洋环流模式中，就可以模拟软冰雪地球的气候。图 3.3 所示的就是当太阳常数为现代的 94%，CO_2 浓度为

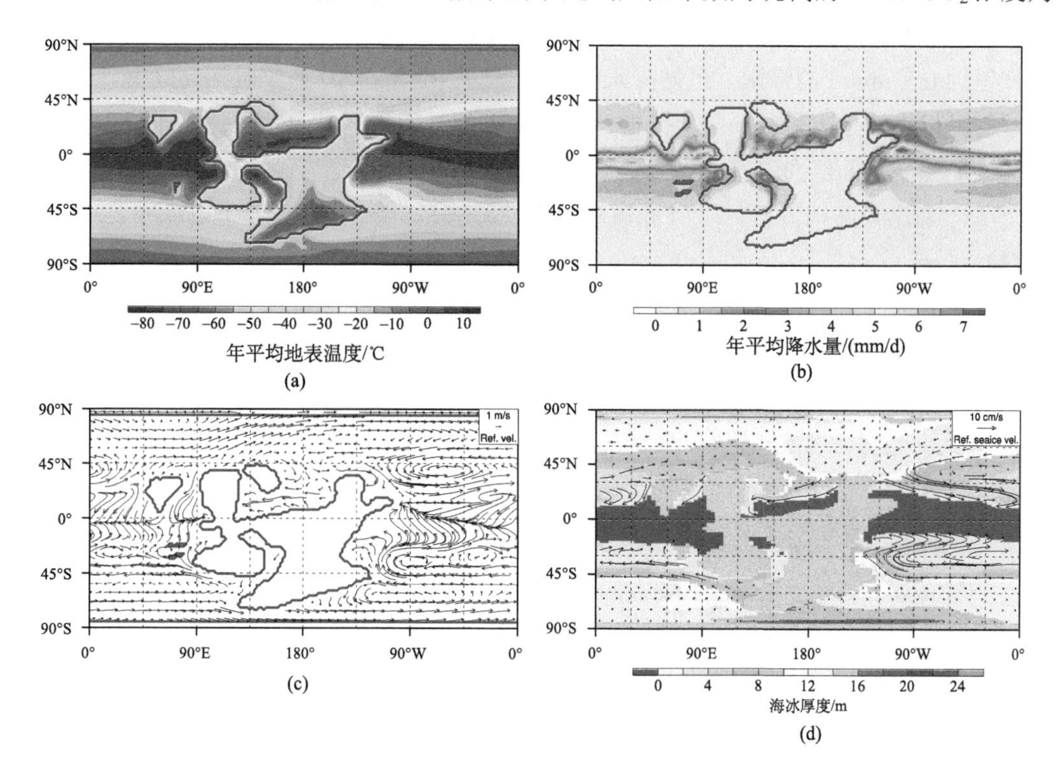

图 3.3　软冰雪地球的地表温度、降水量、风场和海冰厚度分布

（a）年平均地表温度；（b）年平均降水量；（c）950 hPa 风场；（d）海冰厚度

使用的气候模式为 Community Climate System Model 3.0 （CCSM3），太阳常数为现代的 94%，CO_2 浓度为 700 ppmv；（d）中蓝色区域为海洋，箭头为海冰的运动速度

700 ppmv 时，模拟的软冰雪地球的地表温度、降水量、风场和海冰厚度分布。这是软冰雪地球能够达到的最冷的状态，如果 CO_2 浓度再稍稍降低 50 ppmv，地球就会进入一个硬冰雪地球状态。从图 3.3 中可以看到，在软冰雪地球状态下，赤道附近的温度接近 10 ℃，海洋上的降水量较多，可以达到 5 mm/d，但是陆地上降水量很少，除个别沿海区域能达到 1 mm/d 外，绝大部分地区都小于 0.5 mm/ d。风场和现代气候相比也有较大的变化，差异最明显的是西风带的位置。在现代气候中，西风带位于 30°～60°，但是在软冰雪地球状态下，西风带变窄很多，中心位置也移动到了南北纬 20°附近，与海冰的边界接近。由于高纬度海冰不停地被输运到低纬度，然后融化，所以海冰的厚度并不大，最厚的地方也仅有 20 m 左右。同时，海冰边界位置的季节性变化非常大，可以南北移动达 20° 左右。

与软冰雪地球相比，硬冰雪地球赤道附近的地表气温显著降低，低达–20 ℃以下，并且随着海冰厚度的增加，还会变得更低[图 3.4（a）]。在硬冰雪地球条件下，由于大气对流运动急剧减弱，冬半球的大气温度在垂直方向上近乎等温，在近地表出现逆温层[近地表温度低于上面（如 100 m）大气的温度]。这类似于现代的极地大气垂直温度分布：近地面存在逆温，自由大气中的温度几乎是等温的。由于全球都被冰封，水循环基本被切断，蒸发和降水都非常少[图 3.4（b）]。热带地区海冰的升华作用仍然可以在赤道附近产生约 0.5 mm/d 的降水。虽然降水的幅度很弱，但是在 10 万年时间尺度上，这样的降水仍足以在陆地上生成一个巨大的冰盖。有趣的是，虽然海洋完全被海冰覆盖，海洋在洋底地热和表面经向温度梯度及盐度梯度的驱动下仍然保持活跃的运动，湍流可以使整个海洋都比较好地混合，并且赤道附近有比较强的纬向急流产生（Ashkenazy et al., 2013）。

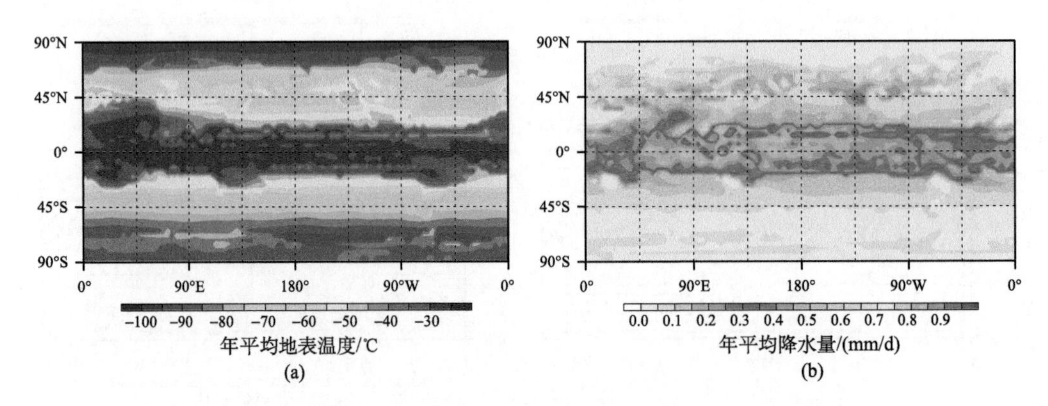

图 3.4 硬冰雪地球的年平均地表温度（a）和年平均降水量（b）

在这个模拟中，地表没有地形，也没有陆地冰盖

在与 Marinoan 冰雪地球事件相关的低纬度地层中观测到很多大型沙楔，这些沙楔是由于温度很低的地表（硬度较大，容易产生脆性破裂）在短时间内受到大的降温而产生

破裂，风沙填充这些裂缝而形成。这些沙楔在每年的冬季会继续扩大，在几千到几万年的时间里可以形成大型沙楔（宽度和深度都能达到 3 m 以上）。沙楔的形成要求低年平均温度、干燥的天气和超过 20 ℃的季节性温度变化，这在赤道附近是很难实现的，尤其是最后一个条件，现代气候中赤道附近的季节性温度变化（最暖月和最冷月的月平均温度之差）一般远小于 10 ℃。模拟研究表明，在地球轨道偏心率比较大的时期，在硬冰雪地球的赤道附近，由于地表比热容较低，所以可产生足够大的季节性温度变化，而这在软冰雪地球中非常困难（Liu et al., 2020a）。

3.4.2 冰雪地球中海平面的变化

在冰雪地球期间，如果所有的陆地确实都被冰川覆盖，那么冰川的体积会相当大。具体的冰川体积和当时的陆地面积有关，如果是图 3.5（a）中的陆地分布（相当于 7.2 亿年前的分布），那么陆地冰川的体积约为 3.6 亿 km^3，而如果是图 3.5（b）中的陆地分布（相当于 5.7 亿年前的分布），则可达到 4.5 亿 km^3，这相当于第四纪冰河期中冰川体积最大值的 5 倍左右。相应地，全球海平面下降分别为 750 m 和 1047 m，但实际上，由于海水施加的重力减小，海洋底部会抬升几百米，实际的海平面下降分别只有约 525 m 和 736 m。而由于陆地上冰川的重力作用，原本的陆地表面也会下降，在中心处下降超过 1000 m，在海岸线附近下降 200～300 m。海岸线附近的陆地高度下降很不均匀，这与陆地及冰川的分布有关，与岩石圈的厚度及地幔黏度结构也有关系。因此，如果在海岸线附近（唯一能在地质记录中看到海平面变化的地方）观测冰期海平面相对于冰期前的变化，可能会发现海平面下降 280～520 m[图 3.5（a）]或者 530～890 m[图 3.5（b）]。

大规模的冰川的生长还会影响地球的转动，主要是导致固体地球相对于自转轴的方位变化。从空间上看，地球的自转轴方向基本不变，但固体地球相对于自转轴在变动，这一变动将造成地理北极和磁场北极之间的距离变大或者变小。假设冰期前地球的地理北极和自转轴是重合的，则地球质量相对于地球质心基本呈球对称分布。当陆地上有较厚的冰盖（假设在南半球）形成时，相当于在南半球多出来一块质量；而在其他区域，由于海平面下降，所以减少了一些质量。这个状态是不稳定的，在离心力的作用下，这块多出来的质量会向赤道移动。相应地，地理南极也沿着南极和冰盖质心的连线向赤道移动，这在地质学上称为地球的真极移。真极移的速度对地球下地幔的黏度非常敏感，如果下地幔的黏度较小，如常用的地幔黏度模型中它的值约为 3×10^{21} Pa·s，那么真极移的速度可以达到 1°/Ma，如果下地幔黏度增大 30 倍，则真极移的速度约减小到原来的 1/3。由于冰雪地球持续的时间很长（5～60 Ma），真极移的大小有可能达到 10°或更大，会使得中纬度的冰川进入热带地区，可能对冰期的气候和冰川变化有显著的影响。

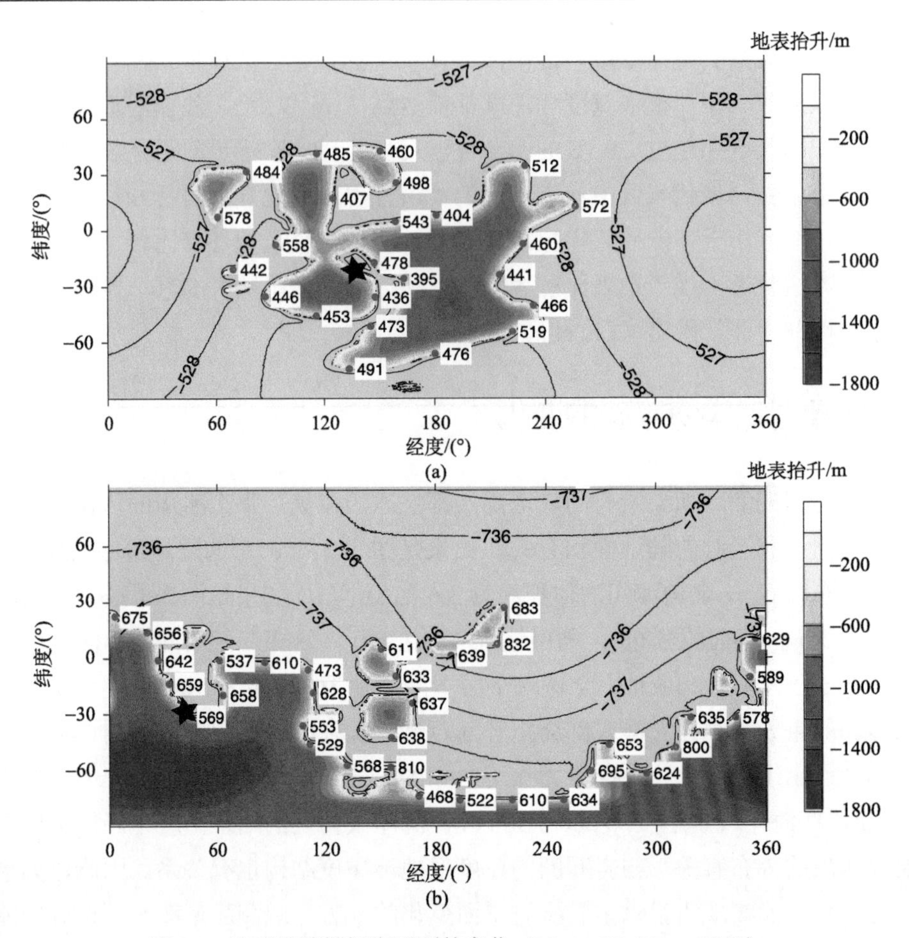

图 3.5 冰雪地球期间海平面的变化（Liu and Peltier，2013）

等值线显示的是海平面相对于冰期前原海平面的变化，黄色-红褐色的填充显示的是陆地表面被冰盖压下去的深度，海岸线附近的数字标识为岸边海平面相对于陆地表面的下降（在冰期前二者重合）。（a）使用的陆地分布是 7.20 亿年前，（b）使用的陆地分布是 5.70 亿年前

3.4.3 冰雪地球的融化

软冰雪地球的融化相对比较容易，能量平衡模式和冰川模式的耦合模拟表明在 CO_2 浓度为 2800 ppmv 左右时就可以融化，但目前还没有研究用大气-海洋环流模式来给出定量的结果。硬冰雪地球的融化就困难得多，由于地表温度很低，同时几乎没有水蒸气的反馈，CO_2 的温室效应比在软冰雪地球或现代气候下降低很多。不同模式的模拟表明，CO_2 浓度需要达到 0.3 bar（1 bar = 10^5 Pa）或 0.4 bar 的量级才能使硬冰雪地球融化。即使是化学风化完全停止，火山喷出的 CO_2 全部保留在大气中，也需要约 4 Ma 才能在大气中积累起这么多 CO_2（假设火山喷发的速度和现代地球相当）。如果某些风化过程不能忽略，如洋底的风化（CO_2 会通过海冰盖上面的一些裂缝进入海洋），那么需要的时间会长得多。

一些其他过程可能会帮助硬冰雪地球融化，如沙尘。在硬冰雪地球中，也完全可能有很小面积的裸露陆地（像现代地球上南极大陆的 Dry Valley 一样），作为沙尘的来源，而且即使没有沙尘，也会有火山喷发的火山灰。由于整个海洋都被很厚的一层冰覆盖，这些沙尘或灰尘会落在冰面上而不是进入海洋里。在中高纬地区，落在表面的沙尘会逐渐被降雪覆盖，并越埋越深。但海冰的厚度有几百到上千米，这么厚的冰在重力的作用下发生蠕变从而不断地向赤道移动，移动的速度可以达到每年几十到几百米（Li and Pierrehumbert, 2011）。一旦中高纬度的海冰运动到热带地区，升华作用使得冰的表面产生净蒸发，导致海冰内部携带的从高纬度来的沙尘逐渐被暴露到表面，在几百万年的过程中可以使得热带地区表面沙尘的含量超过 2%，甚至达到 10%（质量比）。这么大的沙尘含量可以大大降低热带地区海冰的反照率，使得硬冰雪地球在 CO_2 没那么高的时候就可以被融化。模拟表明，0.01～0.1 个标准大气压的 CO_2 就可以使冰雪地球融化。实际上，近期模拟研究表明沙尘对远古地球气候的影响很大（Liu et al., 2020b），不仅对冰雪地球的融化有影响，还可能对冰雪地球的形成有影响。

3.4.4　生物和氧气的演化

图 3.6 给出的是地球大气中氧气含量随时间演化的示意图。在大约 32 亿年前，大气中氧气的含量最多只有现在的 10^{-13}。在 24 亿年前，基本维持在低于 1.0 ppm[①]。大量的古岩石证据表明，氧气含量随时间的上升不是一个平缓的过程，而是两次突然增加的过程才达到现代水平。一次突增过程发生在 24 亿～23 亿年前，氧气含量突然升高了 10^6 倍以上，达到现在浓度的 0.1%～1%；另一次发生在 7.5 亿～5.8 亿年前，氧气含量达到了现代大气的水平。伴随第二次氧气突增过程的是寒武纪生命大爆发（约 5.4 亿年前），生物朝着多样和大型化发展，动物开始出现，因此第二次氧气突增有可能是寒武纪生命大爆发的关键条件。有趣的是，这两次氧气突增事件都与冰雪地球事件重合在一起。截至目前，并不确定氧气突增是发生在冰雪地球之前还是之后，也不清楚大气中的氧含量与冰雪地球事件是如何关联在一起的，因此不知道二者是否有因果关系，如果有的话，谁是因，谁是果？

在地球形成之初的几亿年里，大气中不可能有氧气，因为地球早期的表面和大气处于高度还原性状态，即使有氧气产生，也很容易被还原性物质还原。例如，地表大量的活性金属元素，如铁等的存在（铁是很容易被氧化的元素），使得自由氧气无法在大气中存在。早期大气中的氢气和甲烷等还原性气体也不利于氧气的存在，因为这些气体很容易与氧气发生化学反应。因此，氧气的存在必须要等到原始大气成分消失以及铁等物质被氧化和沉降之后。

---

① $1ppm=10^{-6}$，全书同。

氧气的起源有两个途径，一个是水光解，另一个是生命的光合作用。大家可以很自然地联想到，水光解生成氢原子和氧原子，氢原子逃逸到太空，而氧原子留在大气中形成氧气。但依靠水的光解形成氧气的前提是氢必须以足够快的速度逃逸，否则氢将很快与氧反应再形成水。根据扩散过程计算，氢原子自平流层大气扩散到大气逃逸层，其时间尺度与地球的整个生命期差不多，比大气中累积氧气所需要的氢原子逃逸速度慢了至少 1000 倍。CO_2 光解也可以产生氧气，但同样的问题是碳的逃逸速度太慢，这两者都不足以解释氧气在大气中累积的速度。但由氧光合作用产生氧气则不存在这样的问题。根据现有的植被条件，光合作用产生和累积现有大气中的氧气只需要大约 2000 年（假设能消耗氧气的有机物全部被埋藏）。因此，两次氧气突增应该与生命的光合作用密切相关。

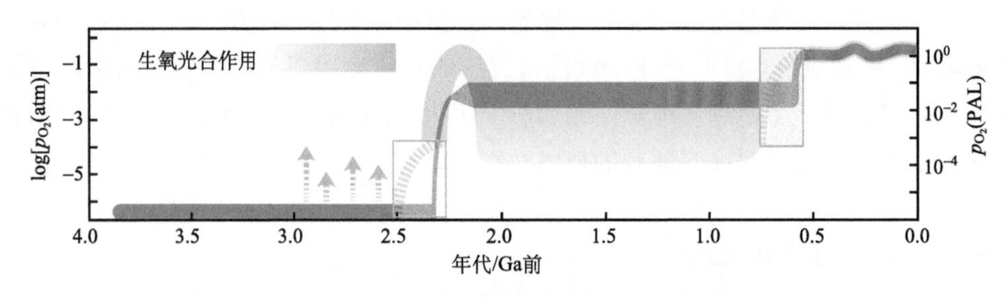

图 3.6 地球大气中氧气含量随时间的演化（Lyons et al., 2014）

臭氧层在第一次氧气突增之后就出现了，虽然那时大气氧含量还比较低，但光化学模式的模拟结果表明，即使大气氧含量只有现在的 1%，臭氧浓度也能够达到现在的三分之二的水平，臭氧层的出现使得生命能够在陆地上存在和繁衍。由于测年方法的局限性，简单动物出现的时间不是很确定，但有些证据表明动物可能出现于第二次冰雪地球事件之前。如果动物的出现确实在冰期之前，并且一直存活延续到冰期后，而且真核生物的进化在冰期中间也没有停止，那么对硬冰雪地球假说来说是一个很大的挑战。由于硬冰雪地球中的海冰厚度很大，光合作用不能进行，生物都应该灭绝，所以该假说需要找到能够让生命在新元古代冰雪地球事件中延续的方法。虽然有一些方法可以让简单生物在冰盖上或者冰裂隙中生存，但是却不足以让多细胞生物（或者动物）经受得住整个冰期的考验而存活下来。

古元古代和新元古代的冰河期有一个很大的不同，在冰期开始前，前者的大气、海洋和地表都处于基本无氧的状态。因此，古元古代的大气中可能含有较多的甲烷，当大气中氧气逐渐增加的时候这些 CH_4 变成了 CO_2，触发了冰雪地球事件的形成。需要指出的是，在一些研究中，CH_4 被错误地认为是一种比 CO_2 温室效应更强的气体。实际上，CH_4 的温室效应比 CO_2 弱得多，因为温室效应的强度与温室气体浓度的对数成正比。因此，如果大气中的 CO_2 浓度已经很高，如 CO_2 在 1000 ppmv 的基础上再增加 100 ppmv 只能产生很小的温室效应。而如果这时大气中只有很少的 CH_4，如从 1 ppmv 增加到 100 ppmv 就会产生非常强的温室效应。因此，假设在古元古代的冰期前大气中含有 200 ppmv

的 CH_4 和 2000 ppmv 的 CO_2，那么如果全部的 CH_4 被氧化成 CO_2，就会造成整体温室效应大幅下降。使用一个海-气耦合的气候模式的模拟表明，这个变化可以让全球平均温度下降 7～8℃。而如果一开始大气中主要的温室气体是 CH_4，那么它的氧化会造成整体温室效应增强，而不是减弱。

3.5　安第斯–撒哈拉冰期

在晚奥陶世和早志留世（4.5 亿～4.2 亿年前）的安第斯-撒哈拉冰期发生了一次物种灭绝事件，这是显生宙 6 次生物灭绝事件中唯一一次可能由冰期造成的海洋生物灭绝事件。这次冰期发生的沉积学证据最早是 1965 年在北非和阿拉伯地区发现的，后来又在西非和南美洲的亚马孙地区及巴西地区均有发现。碳同位素、氧同位素及海平面变化的证据都一致表明该时期发生过冰期，但是该冰期中冰川规模和持续的时间并不确定。近期的研究表明，这次冰期总共可能发生过 3 次大的冰期和间冰期旋回，每次大的冰期中又有多次小的冰期和间冰期。每次大的冰期旋回持续的平均时长为 0.7～1.6 Ma，所以整个冰期的总时间可能只有几个百万年（Ghienne et al., 2014）。通过对氧同位素进行观测，该冰期的冰川体积峰值至少和第四纪冰期的冰川体积峰值相当（7×10^7～8×10^7 km^3），但是赤道温度仍然很高，维持在 28 ℃左右。

这个时期的太阳常数比现代值要低 4.5%左右，但是奥陶纪和志留纪的 CO_2 浓度总体来说比较高，为 1500～3000 ppmv（图 3.7），有可能在冰期内有过短暂的急速下降。早期的研究认为该时期的 CO_2 浓度不会低于工业革命前的 8 倍，也就是约 2240 ppmv。因此，很多气候模拟都集中在研究是否有可能在这么高的 CO_2 浓度下形成冰川。这些研究表明，该时期的大陆主要分布在南半球，并且有很大一部分在南极附近（图 3.8），即使在 8 倍 CO_2 浓度下，也有很大可能生成大规模的冰川。最新的研究结果表明，这个时期的 CO_2 浓度有可能大大低于 2240 ppmv，甚至可以降低到 166 ppmv 左右，所以冰期的形成并不存在任何困难。

关于该冰河期形成的原因有以下几种猜测：①奥陶纪早期开始的由北美板块和海洋板块相互挤压引起的阿巴拉契亚造山运动可能起了很大作用，如 3.2 节中所述，地形隆升可以加快物理和化学风化，降低 CO_2 浓度。虽然这个造山运动在奥陶纪早期就开始了，但那时的火山活动比较强烈，两者基本能够达到平衡。但到了奥陶纪晚期，火山活动逐渐停止了，碳循环的平衡被破坏，可能造成 CO_2 浓度急剧下降。②生物演化也可能扮演了重要的角色。在奥陶纪前后，陆地上首次出现了无维管植物（如苔藓类），这种植物可以从岩石中分解出大量的营养物质，使其流失到海洋中，从而造成海洋生物的繁荣和大量埋藏，该过程降低了 CO_2 浓度，导致全球变冷和冰川的形成。

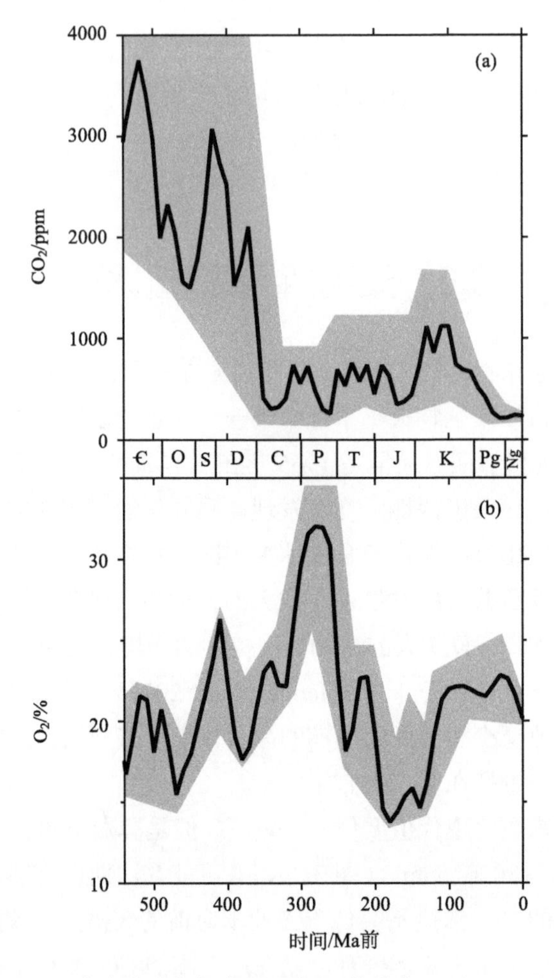

图 3.7　显生宙地球大气中 CO_2 和 O_2 的演化（Royer，2004）

晚奥陶纪的生物灭绝事件中有约 85%的种（生物分类中的最低一级）和 49%～60%的属（次低一级）消失了。一种比较流行的说法是，冰期造成的温度下降和海平面变化可能造成了很多物种的消失。在冰期之前，气候非常温和，生物有可能适应了温暖的气候，如果气候突然变冷，可能会导致一部分物种消失。另外，奥陶纪有大量的陆地间浅水区（图 3.8），当海平面大幅下降的时候（约 200 m），很多生物的生存区直接消失了，导致大量物种消失灭绝。

3.6　卡鲁冰河期

石炭纪和二叠纪的卡鲁冰河期（3.6 亿～2.6 亿年前）也是由一系列冰期和间冰期组成的。冰河期的主要部分持续了超过 7000 万年（3.35 亿～2.60 亿年前），这是显生宙持

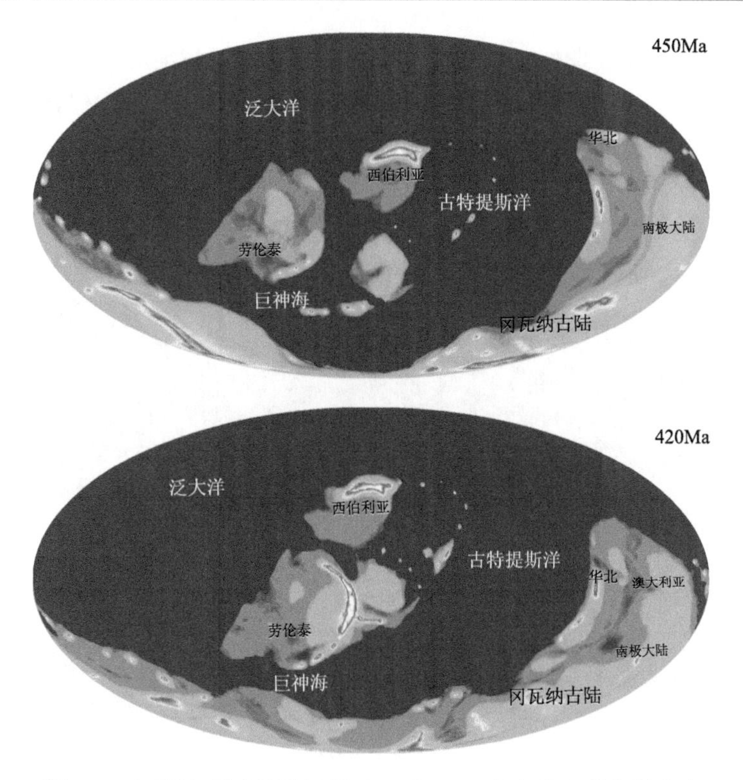

图 3.8　安第斯-撒哈拉冰河期（4.5 亿～4.2 亿年前）的海陆分布

图片来源：www.earthbyte.org

续时间最长的冰河期（Montanez and Poulsen, 2013）。卡鲁冰河期有三次峰值，分别发生在约 3.23 亿年前、3.15 亿～3.12 亿年前和 2.99 亿年前。在第二个和第三个峰值期间有一段比较温暖的时期，大约 9 Ma。三次峰值期间的冰川面积估计如图 3.9 所示。在每个阶段都发生过多次冰期-间冰期的旋回，和第四纪冰期的旋回类似，表明有明显的轨道周期。

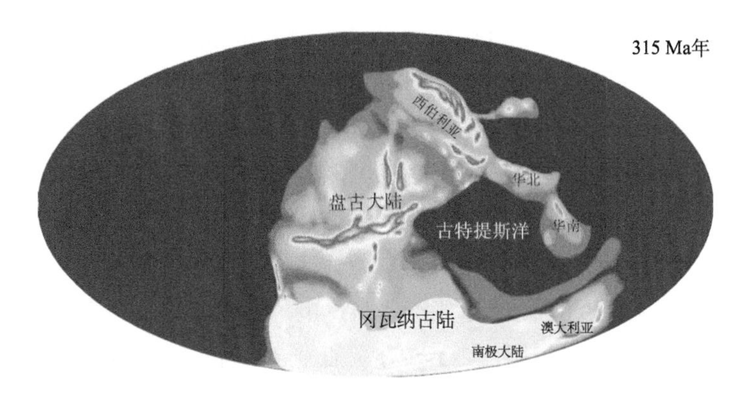

图 3.9　卡鲁冰河期峰值期间的陆地分布和冰川规模

这个时期的冰川规模还有很大的不确定性，这里显示的冰川规模只能作为一个示意图

图片来源：www.earthbyte.org

这些旋回引起的海平面周期性变化产生了非常有规律的沉积地层。砂岩、泥岩和碳层的序列在地层中重复多次出现，称作旋回层（图 3.10）。这些旋回层中储藏了丰富的碳，整个石炭纪的碳储存量可能超过了全部碳储存量的 50%。

图 3.10 石炭纪的旋回层

拍摄于英国南威尔士的 Fros-Y-Fran 露天煤矿，感谢卡迪夫大学的 Peter Brabham 博士提供并同意使用这张照片

由图 3.9 可以看到，当时的陆地大部分在南半球，多个陆块汇聚在一起形成了冈瓦纳（Gondwana）古陆，并且正在形成一个更大的超大陆，即盘古大陆（Pangea）。冰川主要在南极附近形成，但是冰川的规模很不确定。一般认为，当时的冰川可能为多个小的冰盖而没有连成一片，冰川体积估计只有约 20×10^6 km^3，相当于海平面下降约 20 m，但是有些地区的地质记录显示海平面下降超过 100 m。即使是 100 m 的冰川规模也远小于第四纪冰河期的冰川规模（约 200 m）。数值模拟显示冰川应该不会超过 100 m（以海平面下降来表示），否则冈瓦纳古陆上的冰川就会连成一片，而这么大的冰盖很难通过轨道变化引起大规模的融化从而产生观测到的冰期—间冰期海平面振荡（超过 20 m）。同时，数值模拟也显示地球公转轨道的偏心率可能对该时期的冰期—间冰期旋回最重要。

关于卡鲁冰河期形成的原因，目前有很多种理论，如大陆漂移、地形隆起、冷的海水上翻、大气环流改变和 CO_2 浓度下降等。研究表明，前面几种对冰期的产生都没有决定性的作用，可能只对局部地区的冰川产生有影响。该时期的太阳常数比现代地球小约 3%。在此基础上，数值模拟表明，CO_2 浓度降低到 560 ppmv 以下就会形成有规模的冰川。CO_2 降低到 280 ppmv 就会使得冈瓦纳古陆上的分散冰川连成一片。连成一片的冰盖可能过于稳定而不能随着轨道变化产生足够大的震荡。所以 CO_2 浓度可能最低在 300 ppmv 左右，这似乎和由古土壤的碳同位素反推出来的 CO_2 浓度比较一致。数值模拟能够较好地解释高纬度冰川的形成，但是仍然无法解释接近赤道的低纬度地区低海拔

（<1600 m）处的冰川。

在石炭纪之前，CO_2 浓度一直都比较高，超过 1000 ppmv，但进入石炭纪之后，CO_2 浓度迅速下降到小于 500 ppmv[图 3.7（a）]。这个下降可能和陆地植物的演化有很大的关系。含有木质素的陆地植物在泥盆纪晚期的 3.8 亿～3.6 亿年前开始出现，而能够降解这种物质的微生物是在很久以后才出现的，因此容易造成有机碳的大量埋藏。同时，石炭纪的热带气候比较温暖湿润，沼泽地较多，热带森林规模非常大，而且又容易被埋藏。其直接后果就是导致 CO_2 浓度急速下降和 O_2 含量显著增加[图 3.7（b）]。石炭纪的 O_2 含量达到 30%左右，比现在的 O_2 含量还高出了 10%，因此产生了大量体型巨大的昆虫和其他虫类，如翼展达到近 1 m 的蜻蜓和足球大小的蜘蛛。但是最新的研究对此提出了反对意见，认为能够分解木质素的微生物出现得并不比木质素晚，并且石炭纪中的碳矿很多都是由不含木质素的植物埋藏形成的。因此木质素的出现并不是关键。该研究认为，导致石炭纪碳埋藏增加的主要因素是板块运动形成的大量低地和潮湿的热带气候。当冰期出现的时候，海平面下降，海岸线附近出现森林扩张。而到了间冰期，海平面上升，将森林淹没，而水中的植物更不容易被氧化，因此其被保存和埋藏了起来。同时，如果让这种埋藏持续发生，需要地面不断下沉，而石炭纪正是泛大陆（Pangea）的形成时期，大陆之间相互碰撞很容易在造山带的前缘产生这样的地形，也即前陆盆地。如果是这样的话，石炭纪 CO_2 浓度相对于之前的泥盆纪 CO_2 浓度大幅下降并不纯粹是由生物碳循环引起的，而是板块运动和生物碳循环共同作用造成的。

3.7 小　结

本章除介绍目前所处的冰期，地球上还发生过最少 4 次大冰期。虽然冰期产生的具体诱因可能多种多样，但目前大部分研究认为，所有冰期的发生都和碳循环，即大气中温室气体 CO_2 的减少有关。CO_2 减少或者是由风化作用加强，或者是由有机碳埋藏增加而造成的。两者都和板块运动所造成的大陆分布变化、造山运动加强及火山岩的形成等有关，后者还和生物的演化有密切关系。虽然碳循环的变化导致了几次冰期的发生，但是地球气候总是能够很快（相对于地球的寿命来讲）地恢复到比较温暖的状态，说明气候与碳循环之间存在强的负反馈。每当气候变冷的时候，风化作用就会减弱，大气中的 CO_2 就会逐渐增加，反之亦然。这种负反馈减弱的时候容易发生极端的冰期事件，如元古代的起始阶段至结束阶段发生的冰雪地球事件。在这两个时期，绝大部分大陆可能位于赤道附近，说明这几次大的冰川期与地球板块运动密切相关。

4 次冰期中，新元古代的冰期（冰雪地球事件）所代表的气候极端性以及其与氧气和生物演化之间的相关性受到了极大的关注。关于安第斯-撒哈拉冰期和卡鲁冰河期这两个离现代更近的冰河期的研究反而不多。对地球早期冰期的研究还有很大的不足，对 4 次冰期的冰川规模、确切时间、冰期—间冰期旋回和成因都存在争论。要解决这些争论，既需要更多的地质观测，也需要更多、更准确的模式模拟试验结果。目前，关于冰期的研究也可能存在整体的系统偏差，如可能过于强调了 CO_2 的重要性而忽略了其他温室气体，或者可能高估了火山喷发作用的稳定性，同时高估了风化作用和有机碳埋藏的不稳定性。这些问题随着我们对整个地球系统了解得越来越多、数值模拟能力越来越强而逐步得到解决。

从整个地球气候的演化历史来看，地球与金星和火星最大的不同就在于，地球含有液态水。在液态水的作用下，碳-硅酸盐负反馈作用得以维持，地球气候整体上处于温和状态，地球生命也得以不断繁衍。地球也因此是一个生机勃勃的行星。相对而言，金星和火星都没有液态水，不存在碳-硅酸盐负反馈机制。因此，这两个星球内部排放的 CO_2 均积累在大气中。它们或是太热或是太冷，因此都不利于生命的存在和繁衍。

思 考 题

1. 地球历史上有哪些大冰期事件？为什么地球历史上大部分时间都比较温暖？
2. 软、硬冰雪地球假说之间的差异是什么？对生命的演化有哪些重要影响？
3. 大气氧含量的两次突增为什么与地球历史上两次冰雪地球事件有关？

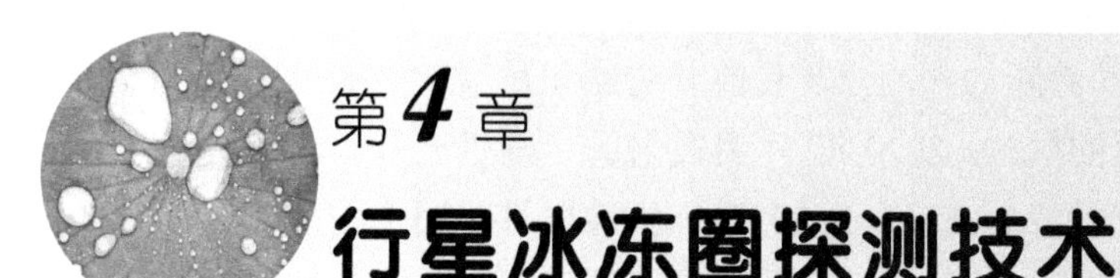

第4章 行星冰冻圈探测技术

由于距离太远，对行星的地基观测显然是不够的。因此，20 世纪 50 年代以来，人类已发射了许多行星探测器，多个火星车在火星着陆和运行（de Pater and Lissauer, 2011; Spohn et al., 2014）。人类已登陆了月球，我国发射的“嫦娥”系列也已在月球着陆和运行（Li et al., 2019）。这些探测器大大地加深了我们对月球和行星大气、表面与内部的了解。这些行星探测任务也涉及对行星冰冻圈的探测。

本章以行星探测基本技术为出发点，首先介绍行星探测中的地球物理、遥感探测、样品分析等基本原理和主要技术手段；然后以类地行星探测为例，重点介绍行星遥感探测技术；最后以月球和水星极区为例，介绍用多源遥感手段对永久阴影区内潜在水冰的探测结果与最新认识。关于其他行星的更多探测知识将在后面 3 章给予介绍。

4.1 行星探测技术概述

一般地，对太阳系天体探测的历程可以分为地基天文观测、飞越观测、绕飞探测、着陆就位探测、样品返回分析、宇航员着陆探测。月球是目前人类唯一访问过的天体，并有月球样品被带回地球。对于金星和火星，不仅有绕飞探测，还有探测器或巡视器着陆探测。对其他天体基本都是绕飞和飞越。

目前，中国的嫦娥探月工程以无人探测为主，分“绕”“落”“回”三个实施阶段，实际上就是绕飞观测、着陆就位分析与样品返回分析。2007 年 10 月 24 日发射成功的“嫦娥一号”探月卫星，搭载了激光高度计、CCD 立体相机、干涉成像光谱仪、微波辐射计、γ 射线谱仪、X 射线谱仪、太阳高能粒子探测器、太阳风离子探测器，通过一年多的绕月探测，绘制了月球表面三维立体影像，获得了月球表面元素与矿物分布，测量了月球表面微波热辐射并反演了月球土壤厚度，探测了地月空间环境（欧阳自远和李春来，2015）。2010 年发射的“嫦娥二号”是“嫦娥一号”的备份星，在更低的轨道高度、以更高的空间分辨率对月球进行了探测，并对小行星 Toutatis 进行了飞越探测。2013 年 12 月 2 日发射的“嫦娥三号”于同月 14 日在月球雨海北部成功着陆，着陆器和“玉兔一号”

巡视器搭载了多个探测仪器，开展了“观天、看地、测月”的科学探测，获得了着陆区形貌、物质成分、次表层结构等。中国 2018 年 12 月 8 日成功发射“嫦娥四号”，其于 2019 年 1 月 3 日成功着陆于月球背面南极艾特肯盆地内的冯·卡门撞击坑底部，成为人类历史上首次在月球背面成功着陆的探测器，目前着陆器和月球车“玉兔二号”已经对月球背面进行了为期 26 个月的探测。2020 年 11 月发射的“嫦娥五号”已经从月球正面风暴洋区域采集了约 1.7 kg 的样品（Li et al., 2019）。目前探月四期工程也处于紧张的论证中，后续火星、小行星、木星、冰卫星等探测也处于论证中。首次火星探测“天问一号”已于 2020 年 7 月 23 日成功发射，目前探测器已顺利进入火星轨道，将一次性实现对火星的绕、落、巡视探测。

对天体的探测技术可主要分为遥感探测、地球物理探测、实验室样品分析。

4.1.1 遥感探测

遥感即遥远的感知，泛指各种非接触的、远距离的探测技术，探测信息的载体包括电磁场、力场、机械波（声波、地震波）等。狭义的遥感主要指从远距离、高空以至外层空间平台上，利用可见光、红外、微波等探测器，通过摄影或扫描、信息感应、传输和处理，识别地面物质的性质和运动状态的现代化技术系统。按照遥感平台划分，遥感可分为地面遥感、航空遥感、航天遥感；按照电磁波的范围划分，遥感可分为可见光遥感、红外遥感、微波遥感；按照传感器的工作方式划分，遥感可分为主动遥感、被动遥感。随着火箭技术与人造卫星的发展，现代遥感具有视域范围大、成像周期短的特点。探测的波段从可见光向两侧延伸，扩大了地物特性的研究范围，包括紫外线、可见光、红外线和微波。

在行星探测中，主要遥感手段有可见光遥感、多光谱遥感、激光高度计遥感、红外遥感、被动微波辐射遥感、雷达遥感、X 射线遥感、γ射线遥感、中子探测仪遥感（de Pater and Lissauer, 2011）。本章 4.2 节将对这些遥感方法进行详细介绍。

4.1.2 地球物理探测

地球物理探测是利用物理学的方法，如地震波、重力、地磁、地电、地热、放射能等，研究行星内部结构特性的一门综合性学科。行星探测中常见的地球物理方法包括重力探测、地热测量、电磁法。

行星的重力场与行星表面地形和内部物质的密度分布密切相关。通过对环绕行星飞行的轨道器进行精密轨道跟踪测量，可获得行星表面重力场分布。使用激光高度计观测可获得行星表面高程分布。若已知行星壳层的密度，则可以扣除地形对重力场的影响，通过进一步假设幔层的密度，可以计算出行星壳幔边界的起伏，从而获得行星表面壳层的厚度。重力测量已经被广泛应用到月球、水星、火星、金星表面壳层结构的探测中。例如，美国重力恢复与内部结构实验室（GRAIL）探月卫星获得了月球表面高达 1500 阶的重力场，对月壳厚度进行了精确的计算，也发现了许多月壳浅层结构等。对伽利略探测器获得的木卫二重力场分析表明，木卫二由内到外依次为金属内核、岩石圈幔层、外层冰壳。基于金属和岩石的密度分布范围，可估算出木卫二表面冰壳与海洋的厚度为 80～170 km，局部区域冰壳厚度在几千米到数十千米之间。

行星地震学探测是通过分析地震波在行星内部的传播规律来研究行星内部的结构和物理性质。根据地震波的传播速度，可以计算出类地行星壳、幔、核的厚度，也可分析行星表面土壤层的厚度。美国 Apollo 登月计划中，宇航员在 Apollo 12、Apollo 14、Apollo 15、Apollo 16 四个着陆点布设了月震计，构成了一个月震网。对 Apollo 月震数据的最新分析表明月球从内到外可分为 5 层：最内为半径为 240 km 的固态内核，90 km 厚的液态外核，150 km 厚的半熔融层，约 1200 km 厚的月幔，最外层约 90 km 厚的月壳。美国 Viking 火星计划、苏联 Venera 13 和 Venera 14 探测计划曾在火星和金星表面布设了地震计，但由于仪器放置问题且观测时间短，没有获得有效的观测。此外，地震计也可以记录行星表面陨石小天体撞击事件。

行星的热流密度（简称热流）是行星内部热能向行星表面传输的状况，是表征行星热场的一个重要物理量，也可以为行星热演化提供约束条件。表面热流表示单位时间内行星表面单位面积以热传导方式由内部向表面传递的热能，数值上等于温度梯度与表面热导率的乘积。热流一般可以通过热流探针进行测量，通过热电偶测量行星表面以下不同深度处的物理温度，若待测物质的热导率已知，则可计算出热流密度。在 Apollo 15、Apollo 17 探月计划中，宇航员在月球表面着陆点进行了热流探针实验，获得了连续 7 年实验点次表层的物理温度分布，估算出 Apollo 15、Apollo 17 着陆点热流分别为 $21 \pm 3\ \mathrm{mW/m^2}$ 和 $15 \pm 2\ \mathrm{mW/m^2}$（Langseth et al., 1976）。美国 2018 年 InSight 火星探测计划将在火星表面进行热流探针实验，测量火星表面热流。热流探针只能给出探测点的温度梯度和热流，对行星表面大范围热流的探测可以考虑采用被动微波辐射遥感的方式获得（金亚秋和法文哲，2019）。

4.1.3　实验室样品分析

对太阳系天体表面返回样品或陨石样品的实验室测量，可以获得样品的物理与化学性质。样品的物理性质有密度、孔隙率、热导率、热容量、介电常数等，化学性质包括元素含量、矿物类型、岩石种类等，同位素性质可分为稳定同位素和放射性同位素。

在实验室测量分析之前，需要对样品进行切割、抛光等加工处理，称为样品制备。对于厘米量级的大样品可用金刚石线锯切割，对毫米级小样品可用三离子束切割仪器，对微米级样品则用聚焦离子束（FIB）进行切割。

对样品物理性质的测量，体积密度一般用密度仪来测量，光谱特性则通过光谱仪测量，热导率则通过热导仪测量，介电常数根据频率不同可以用阻抗仪或者微波矢量网络分析仪来测量。

全岩测量指对整个样品平均化学成分的测量，原位测量则是指对不均一样品按照元素组成的实际位置进行测量。主量元素的全岩测量一般通过 X 射线荧光光谱仪（XRF）来测量，而原位靠电子探针（EPMA）测量。微量元素主要通过激光剥蚀电感耦合等离子体质谱仪（LA-ICP-MS）来测量。同位素通常靠各种质谱仪来测量，开发相应的方法非常重要，但也非常困难。同位素原位通过二次离子质谱/离子探针（SIMS）来测量，而全岩测量可通过多接收电感耦合等离子体质谱仪（MC-ICP-MS）来测量。表面元素组成通过俄歇电子能谱（表层几个纳米）、飞行时间质谱（主要测元素同位素的相对比值，无法做定量分析）进行测量。主量元素的定性分析主要通过能谱仪（EDS）测量，通常将其搭配在扫描电镜或者透射电镜上，可用来做微米-纳米尺度的原位分析。测价态主要靠电子能量损失谱仪（EELS），搭配在透射电镜上使用，可测埃级别的成分和进行价态分析，而且是全元素（包括 H 与 He）。

对样品结构的分析一般通过 CT 或者 X 射线显微镜来测量，晶体结构分析一般用 X 射线衍射（XRD）或者同步辐射来测量。此外，可以通过扫描电镜的 EBSD，背散射电子衍射及透射电镜的 SAED，选区电子衍射做原位的微米-纳米尺度的晶体结构分析。

4.2 行星遥感技术

在太阳系天体探测中，常用的遥感手段有激光高度计遥感、可见光遥感（包括光学相机、多光谱与高光谱遥感）、X 射线遥感/γ射线遥感/中子探测仪遥感、热红外遥感、微波辐射遥感、雷达遥感等（Falkner et al., 2009; 金亚秋和法文哲，2019）。激光高度计遥感可以获得天体表面的高程，光学相机可以获得天体表面形貌分布，二者结合起来可以得到天体表面的三维立体影像。多光谱、高光谱遥感可以获得天体表面的主量元素分布，X 射线遥感、γ射线遥感、中子探测仪遥感可以获得天体表面到一定深度内（不超过 1 m）特定元素的含量与分布。热红外遥感可以获得天体表面的物理温度与物质的热物理特性，微波辐射遥感则可以获得天体表面一定深度内物理温度的分布与介电特性（与体积密度、化学成分有关）。地基雷达、星载合成孔径雷达、星载雷达探测仪、探地雷达则可以获得天体表面到一定深度的次表层结构特征与介电特性。

4.2.1 激光高度计遥感

激光高度计向天体表面发射激光脉冲（能量为 50 mJ 量级），通过测量激光脉冲往返于卫星到照射表面的时间间隔（t）来获得卫星到行星表面的距离（R），进一步结合卫星轨道高度和姿态获得行星表面高程。为获得行星表面高程，通常需要对卫星轨道进行精密测量，可通过对卫星的测距测速结合轨道模型来确定。典型行星激光高度计发射红外波段的激光脉冲，脉冲重复频率为 10～30 Hz。激光高度计主要由激光发射模块、光学扫描系统、激光接收模块、数据处理模块、惯性测量单元组成。我国“嫦娥一号”卫星轨道测定由统一 S 波段（unified S-band）测距测速和甚长基线干涉（very long baseline interferometry, VLBI）测量数据联合确定。惯性测量单元用于测量激光发射器的姿态，如滚动角、俯仰角、偏航角。一般地，卫星轨道径向误差是行星表面高程测量的主要误差来源。

1971 年 Apollo 15 号登月计划中，首次采用激光高度计遥感对月表高程进行了测量。截至目前，美国 Clementine 和 Lunar Reconnaissance Orbiter、日本 Kaguya、中国“嫦娥一号”、印度 Chandrayaan-1 等多个月球探测计划都采用了激光高度计，用于测量月球表面高程。美国 1996 年火星探测器 Mars Global Surveyor 上的激光高度计 Mars Orbiter Laser Altimeter 对火星表面高程进行了测量，1996 年小行星探测计划 NEAR 上的 Shoemaker Laser Altimeter 对小行星 433 Eros 表面的高程进行了测量，2004 年水星探测器 Messenger 上的激光高度计 Mercury Laser Altimeter 对水星北半球的高程进行了高精度测量。目前，激光高度计已经成为无大气固体行星表面高程测量的主要手段。未来欧洲太空署水星探测计划 BepiColombo、木星冰卫星探测计划 JUICE 中，都将搭载激光高度计，分别探测水星与木卫三表面的高程分布。

根据基于激光高度计获得的行星表面高程可以构建行星表面数字地形模型(图 4.1)，进一步研究天体的大小与形状。在行星表面数字高程的基础上，结合行星表面重力场测量，可对行星的内部结构进行反演约束，如对月球、火星的壳层厚度进行地球物理反演。在获得高分辨率数字高程的基础上，可以研究行星表面地形随尺度变化的地形粗糙度参数，如坡度、均方根高度、均方根离差、差分坡度、Hurst 指数等。若激光高度计可接收并记录行星表面回波的波形，则可以根据回波波形的变化研究行星表面激光波束范围内

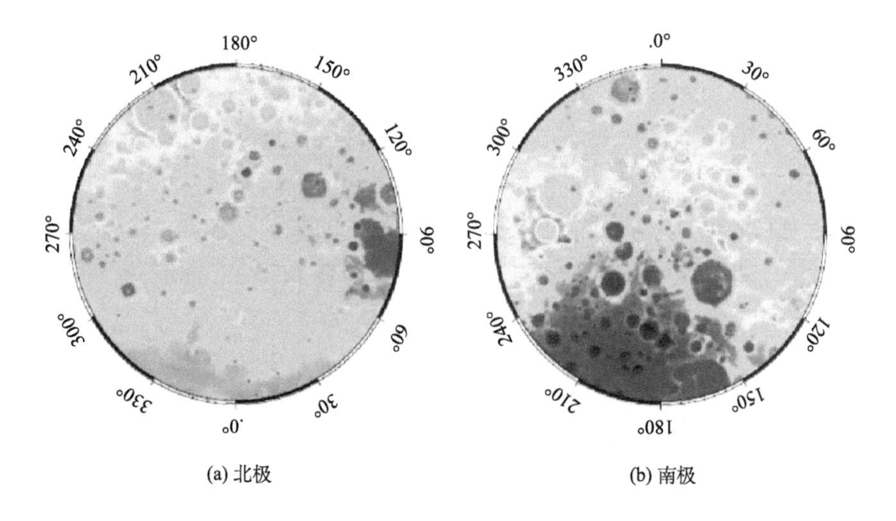

(a) 北极　(b) 南极

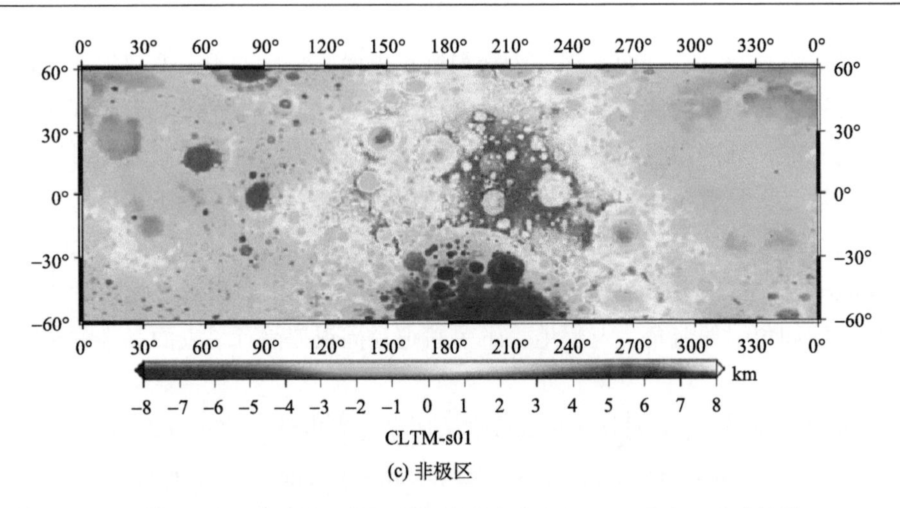

(c) 非极区

图 4.1 “嫦娥一号”激光高度计获得的月表数字高程（km）分布（平劲松等，2008）

小尺度粗糙度。对激光脉冲的能量进行归一化处理，可以获得给定波长的反射率，可提供行星表面化学成分与空间风化等信息。对于月球、水星等存在极区永久阴影区的天体，可以结合极区高分辨率数字高程模型与行星运动轨道，数值计算行星表面的太阳光照射条件，这可以为两极挥发组分的研究提供地理位置约束。对于无法获得可见光影像的区域，激光高度计数据可提供行星表面地质信息，如撞击坑大小、形状等。对于具有大气的行星，激光高度计可用来研究大气中云粒子、气溶胶等特性。

4.2.2 可见光遥感

可见光遥感是指传感器工作在可见光波段范围（0.38～0.76 μm）的遥感技术。可见光谱段是遥感发展中最早的光谱段，是传统航空摄影侦察和航空摄影测绘中常用的工作波段。随着遥感技术的发展，可见光遥感在成像方式上从单一的摄影成像发展为包括黑白摄影、红外摄影、彩色摄影、彩色红外摄影及多波段摄影和多波段扫描，其探测能力得到极大提高。

可见光遥感可分为照相、多光谱成像、多/高光谱扫描成像。多光谱照相一般在几个较窄的光谱波段内对同一区域的地物进行拍摄成像，可获得同一地物不同波段的黑白照片，对不同波段的照片进行处理即可得到彩色图像，以便于图像判读和解译。多光谱扫描成像利用分光和光电技术同时记录某一被扫描点上的数个以至数十个波段的光谱反射能量信息（像元），并将同一波段的诸扫描像元构成一帧扫描像，因此获得多个光谱波段的扫描像。

光学成像技术、高光谱遥感技术是行星探测中一种常见的探测手段。光学成像技术是将探测到的地物信息以空间影像的形式呈现出来（图 4.2）。行星探测中常见的光学相机有广角相机、高分辨率窄角相机、立体相机、全景相机、显微影像仪等。

行星表面由不同的岩石、土壤、冰等物质组成，不同物质具有不同的原子和分子结构，它们吸收、反射可见光的能力也不一样，表现出不同的地物具有不同的吸收率和反射率。反射光谱学是通过分析物质表面反射的电磁波能量与波长关系来定性和定量分析物质成分的学科。图 4.3 给出了“嫦娥一号”干涉成像光谱仪所获得的月表 FeO 和 TiO_2 含量分布。

立体成像技术可用来获得行星表面高程并建立数字高程模型。这可以通过对同一目标同时观测的在空间上分离的两个相机来实现，也可以通过单个摄像头对同一区域进行重访获得两幅不同观测角度的图像来得到。第一种情况中，即使进行单次测量也可提供立体信息，但由于通常两个摄像头的空间距离是有限的，因此实现的高程分辨率受到限制。第二种情况中，可提供几乎所有需要的相机空间距离，但需要多次重访以获得立体

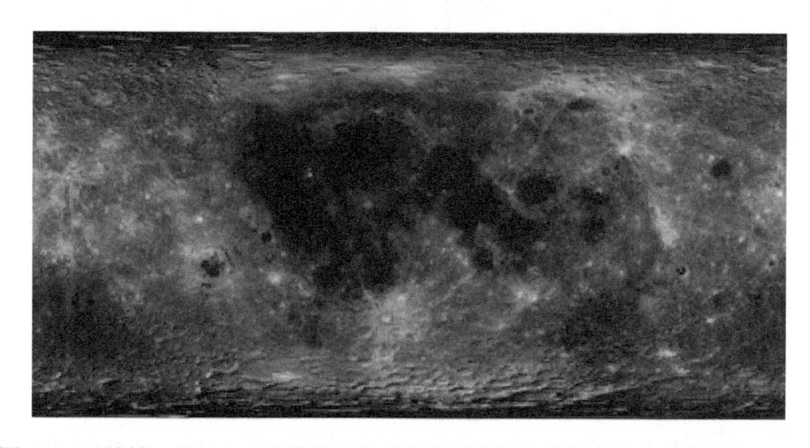

图 4.2　“嫦娥二号”7 m 分辨率全月球光学影像图（欧阳自远和李春来，2015）

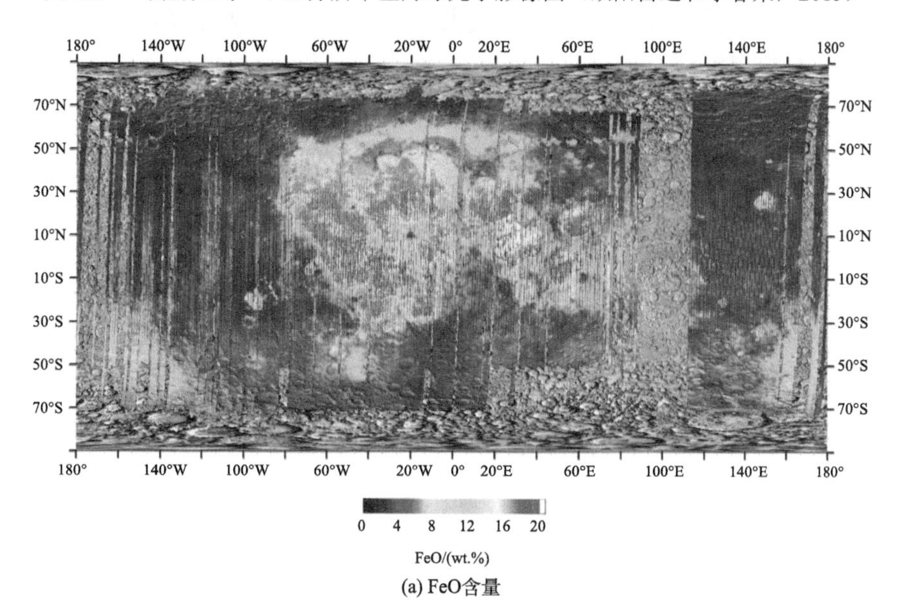

(a) FeO含量

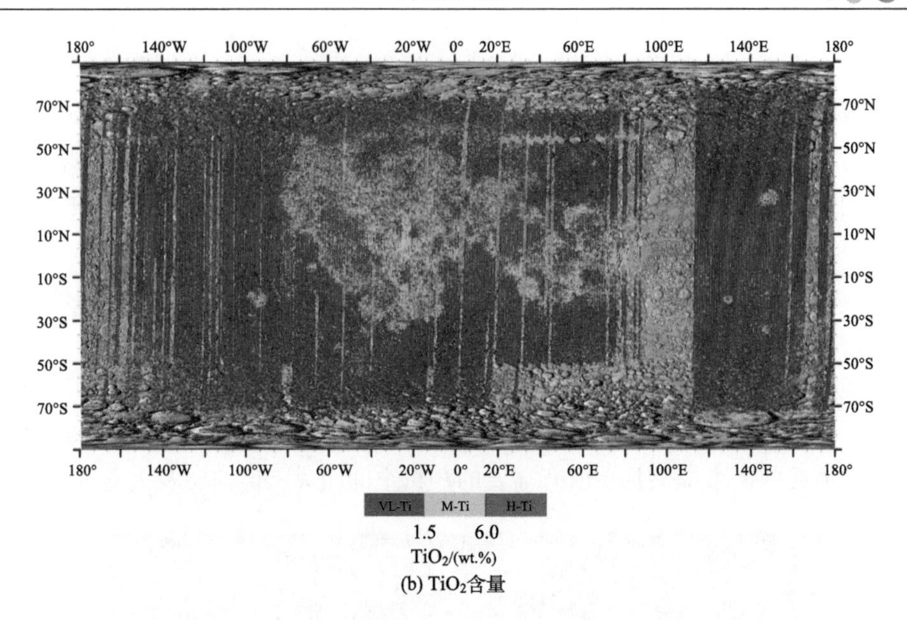

(b) TiO_2含量

图 4.3 “嫦娥一号”干涉成像光谱仪得到的月表 FeO 和 TiO_2 含量分布图 （Wu et al., 2012）

信息与航天器非天底点指向的信息。通常需要进行较为复杂的图像处理以获得地表的三维高程信息。常见的立体相机有火星快车上的 HRSC 高分辨率相机、“嫦娥二号”光学相机，分别获得了火星、月球表面高分辨率数字高程模型。

目前行星探测中，一般采用广角相机和窄角相机对行星表面成像，广角相机可对天体表面大范围区域进行成像，窄角相机则可对特定感兴趣区域进行高分辨率成像。例如，美国水星探测器信使号（MESSENGER）的水星双成像系统（mercury dual imaging system, MDIS）就包含一个广角相机和一个窄角相机，美国月球侦查轨道器 LRO 则包括一个广角相机和两个窄角相机。

木星的四个大型卫星由伽利略于 1610 年发现，木卫二是四颗卫星中最小的一颗，表面被冰所覆盖。1973 年和 1974 年，Pioneer 10 和 Pioneer 11 分别对木卫二进行了飞掠观测，1979 年 3 月和 7 月 Voyager 1 和 Voyager 2 分别对木卫二进行了成像探测，获得了其表面的形貌信息。光学影像表明，木卫二表面分布有条带、皱脊、裂缝等构造地貌，穹隆、洼地、混沌地貌、光滑平原等冰火山地貌，以及撞击地貌。对木卫二表面撞击坑的形貌（碗状、平底状、中央峰）分析表明，木卫二表面的冰壳厚度可达 10～20 km。

4.2.3 γ射线遥感/X 射线遥感/中子探测仪遥感

行星、天然卫星、小行星等天体的化学成分为了解它们的起源和演化提供了直接信息。测量从天体表面发射的γ射线、X 射线、中子可得到天体表面主量元素和自然放射性元素的含量。中子探测仪可提供天体表面氢与含碳复合物的含量。测量天体表面化学成分的核谱学（nuclear spectroscopy）已经被广泛应用到太阳系天体（如月球、金星、火星、水星、小行星）的探测中（Kim and Hasebe, 2012）。

如图 4.4 所示，在无大气或稀薄大气天体表面，γ射线主要由长寿命放射性元素衰变和宇宙射线相互作用而产生。用高能质子所组成的银河系宇宙射线持续性轰击无大气天体表面会产生核裂散反应。有两个主要核反应：中子非弹性散射和热中子俘获。当核反应产生的高能中子损失能量时产生非弹性散射，使得核子处于激发状态。核子发光并产生与特定元素相对应的射线。当低能中子被行星表面物质吸收时会产生热中子俘获，使得核素处于激发状态，并产生射线。中子和质子都会引起核反应并产生射线，其中银河宇宙线相互作用所产生的中子是大部分射线的来源。中子与行星表面产生核碰撞，其要么逃逸出去要么被行星表面物质吸收达到热平衡状态。每种元素由快中子和热中子俘获所产生的非弹性散射可产生特定的射线。此外，放射性元素 U、Th、K 衰变也可产生射线。核反应所产生的射线强度与天体表面元素和核反应粒子流丰度成比例。因此，通过对射线谱仪接收到的射线强度进行分析，可以获得天体表面元素含量。

同样，中子探测仪通过测量无大气天体表面核反应所产生的较宽能谱范围内的中子可获得表面元素分布。以月表为例，其中子能谱可以划分为三个部分：快中子（0.6～3 MeV）、超热中子（0.4 eV<E<0.6 MeV）、热中子（E<0.4 MeV）。一般地，快中子流与表面物质的平均原子量有关。超热中子通量则主要与 H 元素含量有关，也与 Gd、Sm 元素的含量有关。

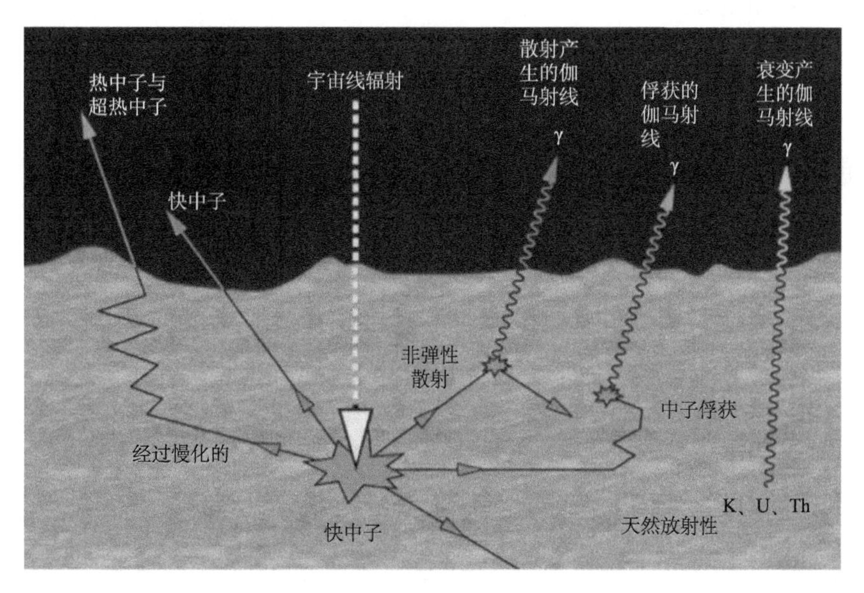

图 4.4　宇宙射线轰击月球表面示意图（Kim and Hasebe, 2012）

X 射线荧光法主要通过太阳 X 射线在无大气行星表面所激发的特征 X 射线发射来对天体表面的元素含量进行测量。一般地，在太阳宁静期，可以测量天体表面 Mg、Al、Si 元素丰度；在太阳活动期，可以测量天体表面 Ca、Fe 元素丰度。

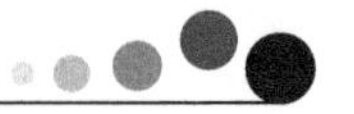

1998 年月球探测计划 Lunar Prospector 上搭载了γ射线谱仪与中子探测仪，对月表 9 种元素的含量进行了测量，中子探测仪也对月球极区的 H 含量进行了测量。

4.2.4 热红外遥感

红外辐射计测量物体在热红外波段辐射能量的强度，主要用于探测行星大气或表面的热特性。当辐射计视场完全包含行星圆盘时，可以测量行星热辐射总量，可用于研究行星热能平衡，可揭示太阳加热与行星内部能量的比率。热电堆阵列或测辐射热计可精确测量普朗克热辐射曲线的一部分，以确定行星表面物理温度。注意对于温度较高的天体，普朗克热辐射曲线峰值对应的波长约为几微米，而对于温度较低的天体则峰值为 60～70 m。

20 世纪六七十年代，相关人员用地基望远镜对月球正面红外波段的热辐射进行了观测，用于研究月球表面物理温度与月壤热特性。美国探月卫星 LRO 上搭载了一个 9 通道的红外辐射计 Diviner，波长范围为 0.35～400 μm，用于测量月表反射率与红外波段的热辐射，以研究月表热环境特征，研究月表热惯量、石块分布与硅酸盐矿物分布，以及月球两极永久阴影区内的物理温度等（Paige et al., 2010）。

4.2.5 微波辐射遥感

微波辐射遥感测量物体在微波波段（0.3～300 GHz）的辐射强度，可用于探测行星大气或行星表面的物理温度与化学成分等。

20 世纪五六十年代，相关人员用地基射电望远镜对月球的微波辐射亮度温度进行了观测，用于研究月表物理温度。中国的“嫦娥一号”“嫦娥二号”探月卫星在世界上首次搭载了四通道微波辐射计，测量月表微波辐射亮度温度，研究月壤厚度、月壤层物理温度及月壤的介电常数分布（金亚秋和法文哲，2019）。Cassini 雷达对土卫六表面进行了被动微波辐射测量，波长为 2.2 cm，发现土卫六表面的 Mare Ligeai 主要由甲烷构成。

4.2.6 雷达遥感

对于具有浓密大气的天体，用可见光与红外遥感无法直接对天体表面进行成像观测。但这些天体的大气对于射频波段和微波波段却是透明的，因此雷达是观测有大气行星表面的主要手段。一般地，雷达硬件包括发射机、天线、接收机。雷达发射机产生一个给定频率与波形的大功率信号，通过发射天线以电磁波的形式辐射出去，电磁波与遥感对象相互作用产生反射、散射等现象，接收机将接收天线收到的信号进行放大、检测等处理，从而提供遥感对象的物理与化学特性。雷达发射的电磁波包括幅度、时间、频率、相位、极化信息，通过对回波进行分析，可以获得目标天体大小、形状、旋转特点、粗糙度、物理性质与化学成分等信息。一般地，无线电从千米到亚毫米的波段都可以被选为雷达频率，实际中雷达频率的选择取决于天线大小、分辨率、是否有电离层、探测的科学目的等。根据雷达技术的不同，行星雷达主要分为地基雷达、合成孔径雷达、星载雷达、探地雷达、干涉雷达、双站雷达等（金亚秋和法文哲，2019）。

雷达发明于第二次世界大战中，1946 年被用于首次观测月球。20 世纪六七十年代，随着雷达成像技术的发明，用地基雷达对月球正面进行了雷达成像观测，至 80 年代分辨率最高可达 2～5 km。21 世纪初，随着合成孔径技术的进展，地基 Arecibo 雷达对月球的观测分辨率进一步提高，70 cm 波长可达 450 m，12.6 cm 波长可达 20 m。在近期的月球探测计划中，微型合成孔径雷达已经被用于对整个月球表面进行高分辨率成像，分辨率可达 150 m、7.5 m。此外，合成孔径雷达也被用于金星、土卫六的探测中。

早在 1972 年 Apollo 17 探月计划中，探月飞行器上搭载了阿波罗雷达探测仪（apollo lunar sounder experiment, ALSE），ALSE 有 3 个工作频率，5 MHz（HF-1）、15 MHz（HF-2）和 150 MHz（VHF），总共对月球表面进行了约 13 h 的观测，主要用来探测月球次表层的介电特性，由此来推断月球次表层的地质结构，也通过探测月表廓线来给出月球表面地形的变化。日本 2007 年“月神”（Selene）探月卫星上搭载了一个频率为 5 MHz 的月球雷达探测仪（lunar radar sounder, LRS），以对整个月球表面次表层结构进行探测。欧洲太空署 2003 年的火星快车（Mars Express）上搭载的火星次表层和电离层探测先进雷达（Mars advanced radar for subsurface and ionosphere sounding, MARSIS）是一个多波段（1.3～5.5 MHz）的雷达探测仪，用于探测火星地壳表层 5 km 范围内的表层结构，用于寻找火星次表层是否有水或冰存在（图 4.5）。美国 2005 年 8 月 12 日发射的火星侦查轨道器（MRO）上搭载的浅表层雷达（shallow radar, SHARAD）是一个中心频率为 20 MHz、带宽为 10 MHz 的雷达探测仪，主要用于探测火星浅表层约 1 km 深度内的表层结构，用于寻找火星浅表层是否有水的存在。中国 2020 年火星探测中也将搭载双波段雷达探测仪，对火星次表层结构进行探测。

在中国“嫦娥三号”月球着陆探测中，玉兔月球车首次搭载了双通道探地雷达，对雨海北部的月壤结构、月壤介电常数、深层结构进行了探测。未来的“嫦娥四号”、2020 年的火星探测中将搭载探地雷达，对着陆区的次表层地质结构进行探测。

地基雷达观测表明，木卫三表面可能分布着大量非规则、厚度为几米的冰壳。在 2020 年欧洲太空署的木星冰卫星（木卫二、木卫三和木卫四）探测计划中，将搭载一个频率为 9 MHz 的雷达探测仪（RIME），美国国家航空航天局的木卫二探测计划中探测器将搭载一个频率为 9 MHz 和 60 MHz 的双频雷达（REASON），用于探测木星冰卫星冰壳下面的海洋，深度可达 12～15 km。

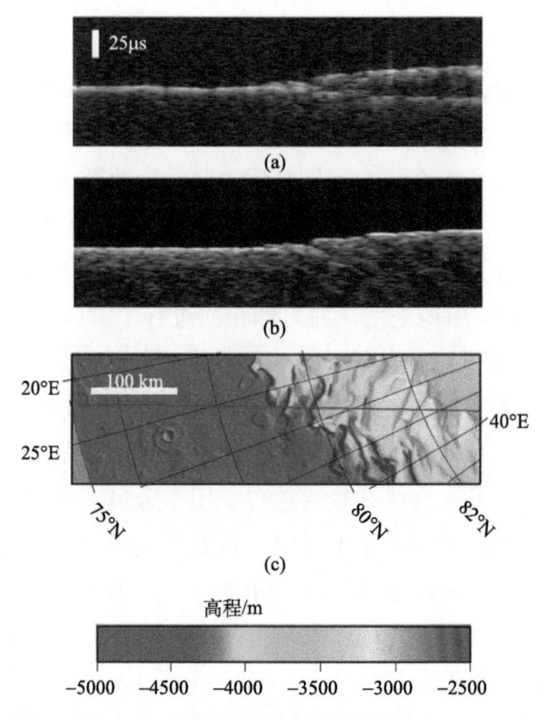

图 4.5 MARSIS 对火星北极冰盖的观测结果（Picardi et al., 2005）

4.3 月球与水星的两极

受地形与太阳照射条件的影响，月球与水星两极存在永久阴影区，无法受到太阳光的直接照射，物理温度非常低，为水冰等挥发组分的存在提供了必要条件。本节介绍多源遥感手段对月球与水星两极永久阴影区探测的最新结果。

4.3.1 永久阴影区

永久阴影区（permanently shadowed region, PSR）是行星表面在地质尺度上长时间接收不到太阳光直接照射的区域，与其他区域相比具有特殊的性质。对于无大气行星表面的永久阴影区，其向表面以外的宇宙空间辐射能量，除自身残余内部热量以及来自附近太阳照射区多次散射的太阳光以外，没有来自外部的能量输入，因此它们的物理温度非常低（<120 K）（Paige et al., 2010）。永久阴影区持续、长时间的低温会产生一些有趣的现象，如挥发组分物质，如水冰等会因为低温直接被 PSR 所吸附。挥发组分物质在非永久阴影区保持的时间只有几天到几周，但在永久阴影区的滞留时间可能会非常长，如几百万年到几十亿年。

月球和水星两极的永久阴影区是太阳系内天体表面永久阴影区的典型代表。月球与水星的自转轴几乎垂直于它们围绕太阳公转的轨道平面（月球为 1.5°，水星为 0.034°，0° 恰好垂直）。研究表明，月球与水星的自转轴已经稳定存在数十亿年。月球与水星两极存在大量的撞击坑，使得极区地形起伏非常大，高程差异可达 2～4 km。在这两个因素的共同作用下月球与水星极区的一些撞击坑几乎无法接收到太阳的直接照射，这些撞击坑内形成永久阴影区（图 4.6 和图 4.7）。

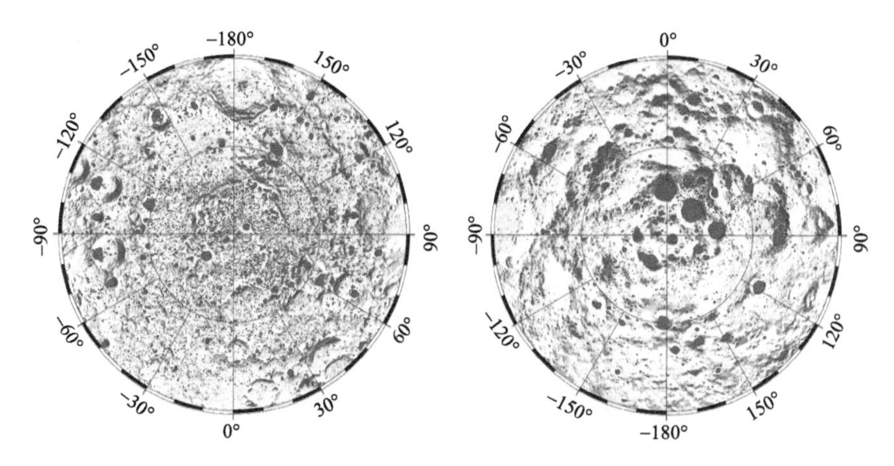

图 4.6　月球两极永久阴影区（红色）分布图（Mazarico et al., 2011）

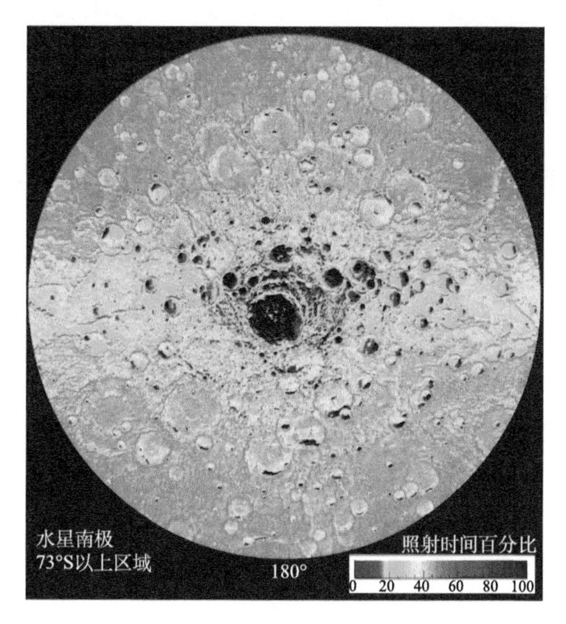

图 4.7　水星北极永久阴影区（Chabot et al., 2012）

4.3.2 水冰存在假设

永久阴影区为水冰等挥发组分物质的存在提供了必要条件，但并不能保证随着时间的推移就积累挥发组分物质。在月球和水星表面，有一系列外生和内生的地质过程可以带来挥发组分物质（Lawrence, 2017）。内生地质过程源有古代火山活动残留的挥发组分或近期脱气作用所释放的挥发组分。外生地质过程源可能包括彗星、小行星、行星际尘埃粒子、太阳风，甚至偶尔穿过太阳系的巨大分子云等。目前普遍认为月球上的水来自太阳风注入、彗星或富水小天体的撞击及月球内部的水。这些地质过程在月球和水星表面带来的挥发组分可以是连续性的，也可以是偶发性的。已有研究表明，干燥的、无大气天体（如月球、水星）表面具有一个挥发组分输运系统，而永久阴影区则是这个运输系统的关键沉积区。

对月球与水星两极永久阴影区的研究对于研究月球与水星的形成与演化、轨道的演化历史、表面的撞击历史、太阳风与表面相互作用、内太阳系物质的迁移以及预测太阳系的将来等都具有非常重要的科学意义。此外，永久阴影区已俘获挥发组分长达数十亿年，是太阳系挥发组分的库房，是未来太阳系资源开发的一个重要方向。对于月球而言，月球永久阴影区可能会积累大量的水冰等挥发组分物质。水可以分解为氧气和氢气，前者可以为宇航员提供生命保障，后者可以为月球基地提供动力。因此，月球两极永久阴影区坑内潜在的水冰被认为是整个太阳系中最宝贵的资源。基于此，永久阴影区已经成为行星科学领域的一个热门研究课题。

4.3.3 多源数据对月球与水星两极水冰的探测结果

1. 月球极区挥发组分探测结果

Harold Urey 于 1952 年首次预测了月球两极永久阴影区存在大量挥发组分（图 4.8）。Watson 第一次系统地研究了月球极区存在水冰的可能性，指出温度低于 110 K 时，水冰可以稳定存在上亿年而不挥发，并计算了月球表面水迁移及月球两极永久阴影区对水的保持特性。Arnold 计算了月球极区多种来源的挥发物总量（10^{16}～10^{17} g），其中水冰资源的含量为 1%～10%，并指出月球极区水冰资源可供未来月球开发所使用。

在之后的几十年中，无论是 Apollo、Luna 等登月计划，还是对月球样品的实验室分析，都没有找到水冰存在的直接证据。1994 年美国 Clementine 探月计划 S 波段双站雷达对月球南极进行了观测，发现 Shackleton 撞击坑的永久阴影区在双站角接近 0°时雷达回波明显增强，这被 Nozette 等（1996）解释为水冰存在的直接证据（图 4.9）。之后，Simpson 和 Tyler 重新处理了 Clementine 双站雷达数据，发现极区的石块或表面粗糙度也有可能引起雷达回波的增强，水冰并不是唯一因素。与此同时，应用美国 S 波段 Arecibo 雷

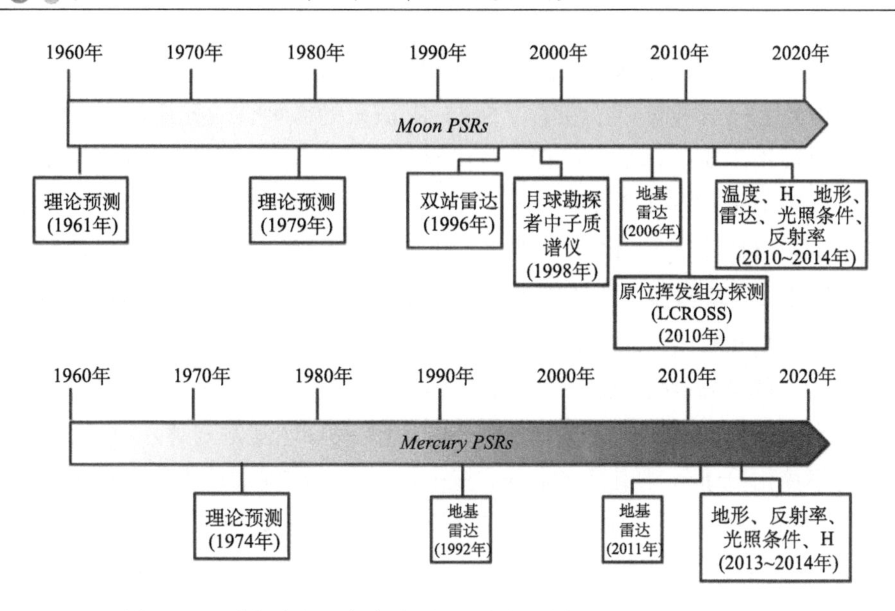

图 4.8　月球与水星两极永久阴影区探测历史（Lawrence, 2017）

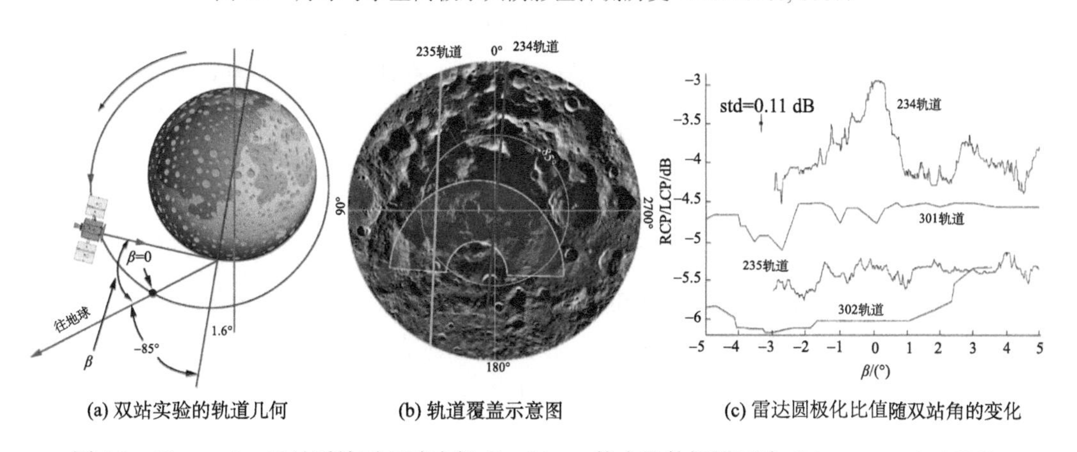

(a) 双站实验的轨道几何　(b) 轨道覆盖示意图　(c) 雷达圆极化比值随双站角的变化

图 4.9　Clementine 双站雷达对月球南极 Shackleton 撞击坑的探测回波（Nozette et al., 1996）

达对月球两极进行了高分辨率（20 m）观测，以搜寻水冰存在的信号。Stacy 等分析了月球两极 Arecibo 雷达影像，发现月球极区同时出现高雷达回波强度与圆极化比的区域基本都小于 1 km^2，不存在大范围雷达回波异常区域。Campbell 等（2006）比较了 Shackleton 和非极区类似撞击坑（年龄、形状、大小）的回波特征，发现极区永久阴影坑和非极区类似撞击坑的雷达回波并无显著差异。Arecibo 雷达观测表明，月球极区的雷达回波异常并不一定就代表有大量水冰存在。1998 年利用美国 Lunar Prospector 探测卫星上的中子探测仪对月球表面进行了观测，发现月球两极存在 H 的分布（图 4.10），转换为水冰则其含量不超过 10%。在后续研究中，Nozette 等综合分析了 Clementine 双站雷达、Arecibo 雷达、Lunar Prosepctor 中子探测仪等多种观测数据，发现这些数据之间的空间相关性非常好，而最有可能的解释就是永久阴影坑内存在有大量水冰。

为解决雷达在月球水冰探测中的争议，印度2008年发射的“月船1号”、美国2009年发射的LRO上分别搭载了S波段、S与X波段的微型合成孔径雷达（Mini-SAR、Mini-RF），主要用于对月球极区进行高分辨率成像，以进一步判断月球极区是否存在水冰。Spudis等（2010）分析了月球北极的Mini-SAR影像，发现存在36个撞击坑，其边缘以内的雷达圆极化比值（CPR）要明显高于边缘以外的CPR，这类撞击坑被称为雷达异常坑。作为比较，新鲜撞击坑边缘内外的CPR值则相差不大。这些雷达异常坑都处于永久阴影区，被Spudis等（2010）解释为存在着水冰。Thomson等分析了Shackleton撞击坑（图4.12）的Mini-RF数据，结合一个经验性雷达散射模型，指出Shackleton内水冰含量的上限值为5%。2009年10月9日，美国月球坑观测与感知卫星（LCROSS）在精确控制下撞击到了月球南极Cabeus撞击坑，发现该撞击坑表层月壤中含有几个百分点的水冰（Colaprete et al., 2010）。Neish等分析了Cabeus撞击坑在LCROSS撞击前后的Mini-RF影像，发现在撞击前后该区域雷达回波强度与圆极化比都要低于周围的高地区域，因此不可能存在水冰。Fa和Cai的研究表明，月球非极区也存在着雷达异常坑，这显然不是由水冰造成的，光学影像表明非极区异常坑内高CPR值是由月表石块引起的（Fa and Cai, 2013）。Spudis等（2013）进一步分析了月球南北极的Mini-RF影像，发现在月球南北两极分别存在着28个与43个雷达异常撞击坑，而非完全统计结果表明月球极区雷达异常坑的数量远高于非极区（图4.11）。这些雷达异常坑都处于永久阴影区，其表面物理温度非常低（图4.13），与中子探测仪得到的H含量高的地方在空间位置上吻合得非常好，最有可能的解释就是这些撞击坑内存在水冰。Spudis等（2013）进一步估算出月球北极区水冰的总量约为6亿t。Eke等对Mini-SAR数据进行了地形校正，发现地形坡度可以对雷达异常坑内外CPR的统计带来较大的影响，而空间风化引起的月表粗糙度也是造成雷达回波异常的可能原因之一。因此，从雷达探测的角度来讲，月球两极永久阴影坑内是否存在大量水冰仍然存在着争议。

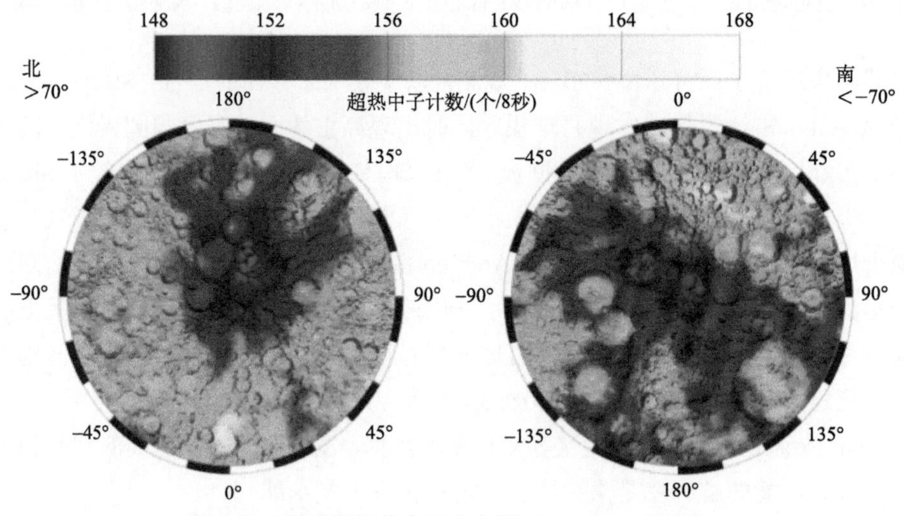

图4.10 月球两极热中子分布图（Lawrence, 2017）

2009 年多个空间探测计划所携带的紫外近红外成像光谱仪分别独立发现了月球表面的反射率在 3 μm 和 2.8 μm 附近有水或 OH^-（羟基）的吸收峰，首次为月球表面水或 OH^-的存在提供了直接证据。与此同时，傅里叶变换红外光谱仪对 Apollo 月球样品的分析中，也发现了月壤、月球钙长石中存在着由太阳风注入、早期月球脱气作用所形成的水。尽管这些历史性的发现非常激动人心，但进一步的研究表明，这些“移动”水（mobile water）OH^-含量可能很低，只有几十个 ppm（百万分之一），不足以作为支撑月球基地建设的主要资源。

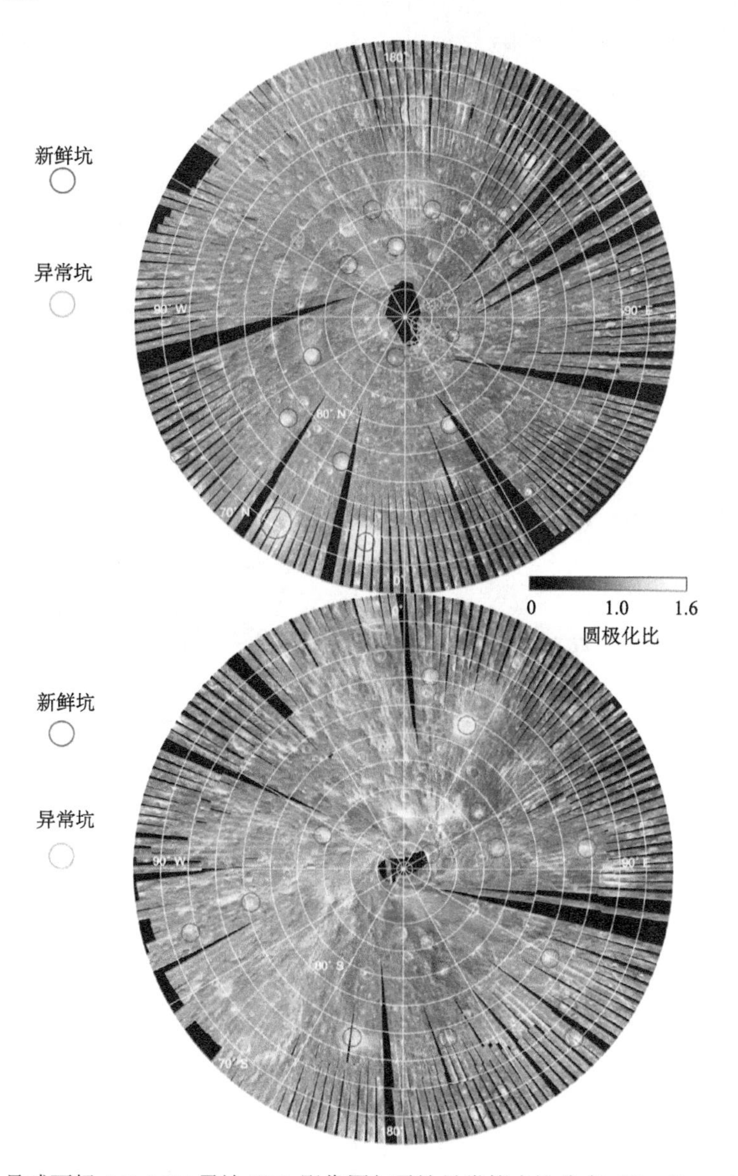

图 4.11　月球两极 Mini-RF 雷达 CPR 影像图与雷达异常撞击坑分布（Spudis et al., 2013）

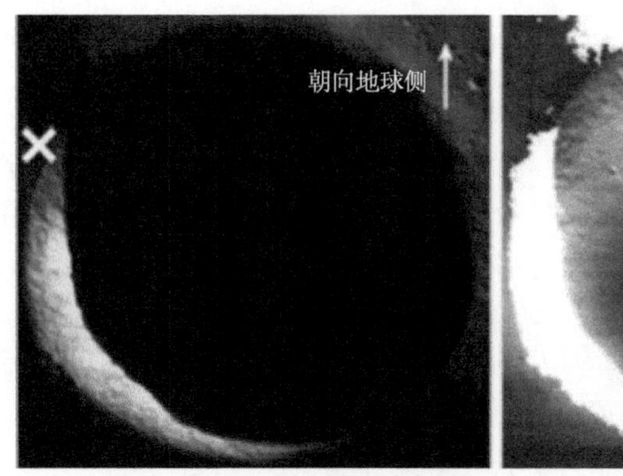

(a) 2007年11月19日成像结果

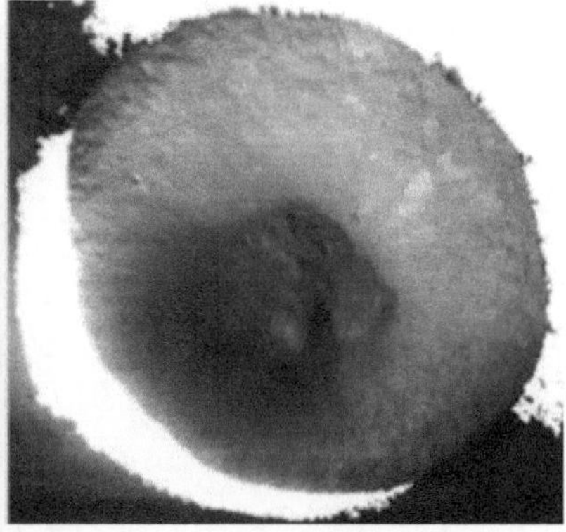

(b) 图(a)增强结果

图 4.12 月球南极 Shackleton 撞击坑的光学成像结果（Haruyama et al., 2008）

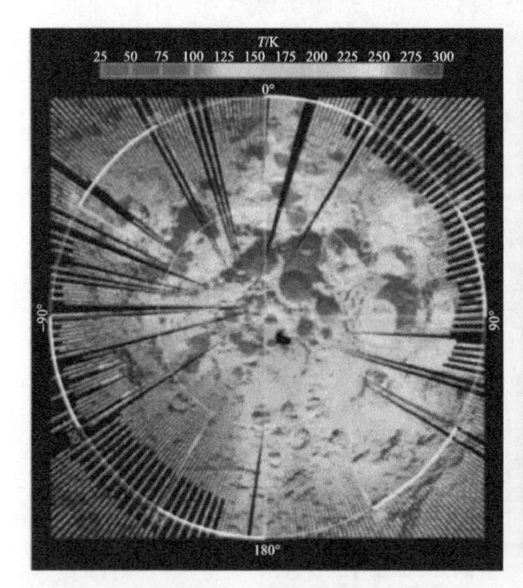

(a) 当地时间11.4~13.6h 的辐射亮度温度

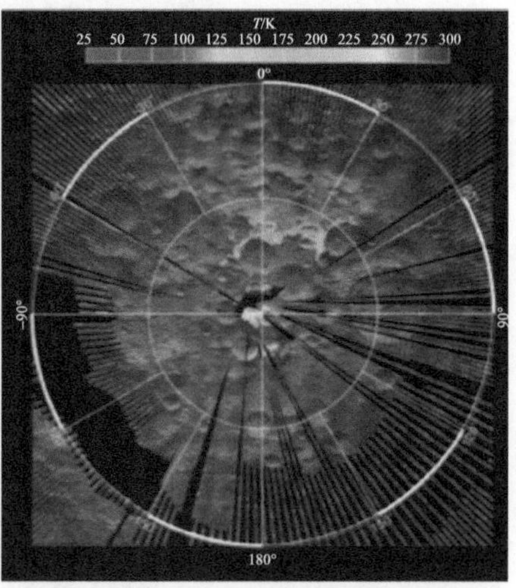

(b) 当地时间21.41~1.66h的辐射亮度温度

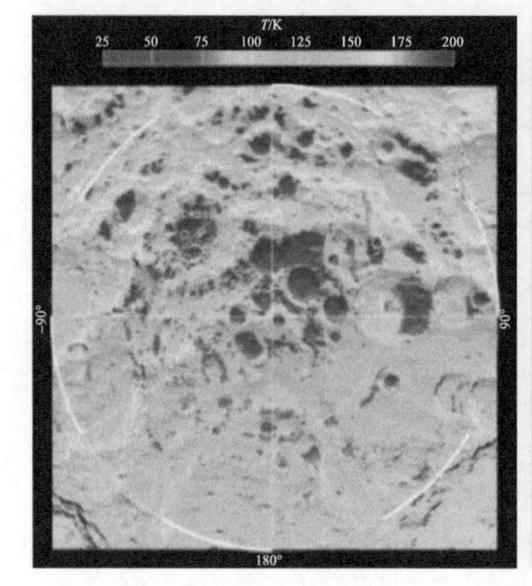

(c) 模型计算的近表面物理温度

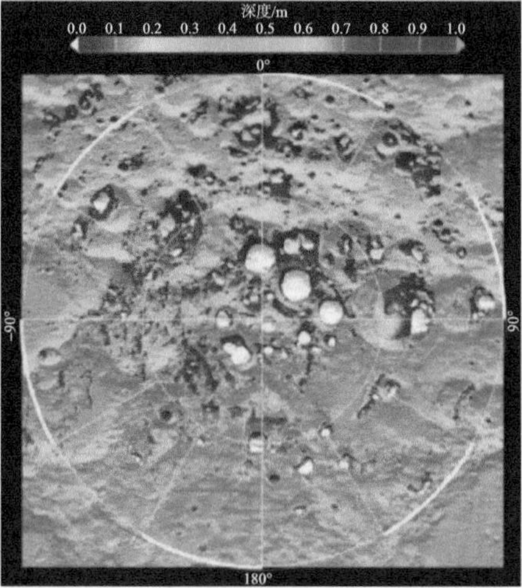

(d) 模型计算的水冰稳定存在深度

图 4.13 月球南极物理温度与永久阴影区分布图（Paige et al., 2010）

2. 水星两极探测结果

20世纪70年代，基于与月球的类比，少数研究提出水星两极永久阴影区可能存在类似的水冰。1991年应用位于Soccrro地基射电望远镜巨阵与美国加利福尼亚州的Goldstone雷达对水星北极进行了观测，波长为3.5 cm，空间分辨率为165 km。雷达观测表明水星北极具有较高的雷达圆极化比值，这是水冰存在的一个特征。同时期Arecibo雷达对水星两极的观测确认了这一雷达信号，对水星南极Chao Meng-Fu撞击坑的观测与北极回波相似。同期对于水星北极热环境特征的数值模拟（图4.14）表明水星两极永久阴影区温度非常低，因此水冰可以在地质时间尺度上得以保存。后续的分析表明水星的两极确实存在水冰，但并非完全暴露的均匀分布的水冰。水冰的厚度可达数十米，有可能被一层土壤所覆盖。

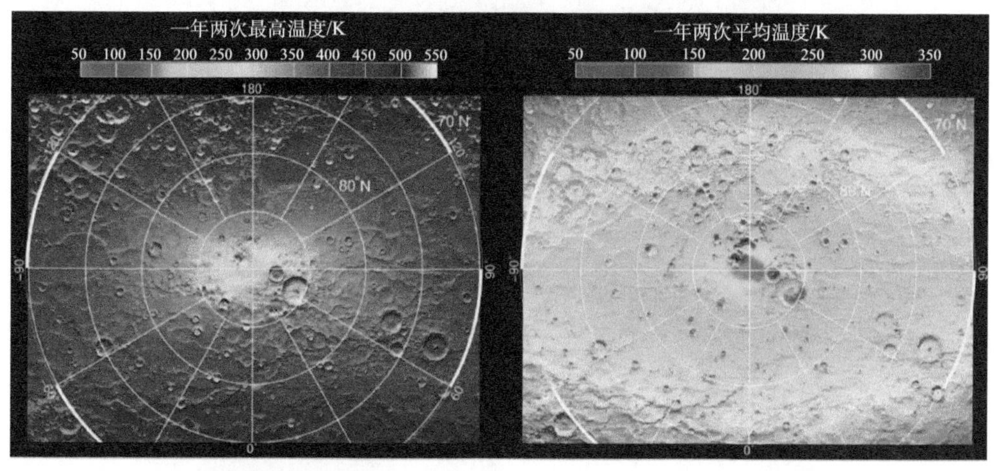

(a) 一年两次最高温度　　(b) 一年两次平均温度

图4.14　水星北极物理温度分布图（Paige et al., 2013）

1999～2005年利用Arecibo和Goldstone对水星进行了一系列观测（图4.15）。随着观测技术的提高与分析方法的改进，利用观测技术对水星南北极进行了高分辨率成像观测。这些结果表明，水星两极大量撞击坑都富含雷达高反射率物质，另外有许多撞击坑部分含有高反射率物质。例如，直径为112 km的Prokofiev撞击坑是一个典型的雷达高亮撞击坑。对比Arecibo 12.6 cm雷达数据和Goldstone 3.5 cm雷达数据，表明多数区域存在几十厘米厚的灰尘，下面富含纯水冰。

信使号水星探测器上搭载了中子探测仪，可用于对水星表面的H含量进行观测。信使号的大椭圆轨道使得中子探测仪的分辨率非常差。基于信使号中子探测仪早期观测结果表明水星北极水冰当量为50%～100%。对快中子探测的结果表明水冰被一层厚度约为几十厘米的较干燥物质所覆盖，这与地基雷达的观测结果相吻合。总之，信使号中子探测仪的观测结果表明水星北极存在大量水冰（图4.16）。

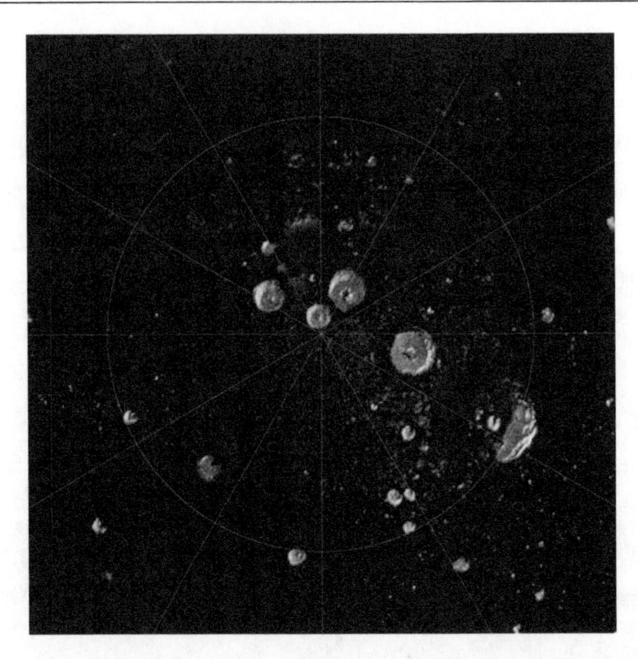

图 4.15 水星北极雷达影像（回波总功率）分布图（Harmon et al., 2011）

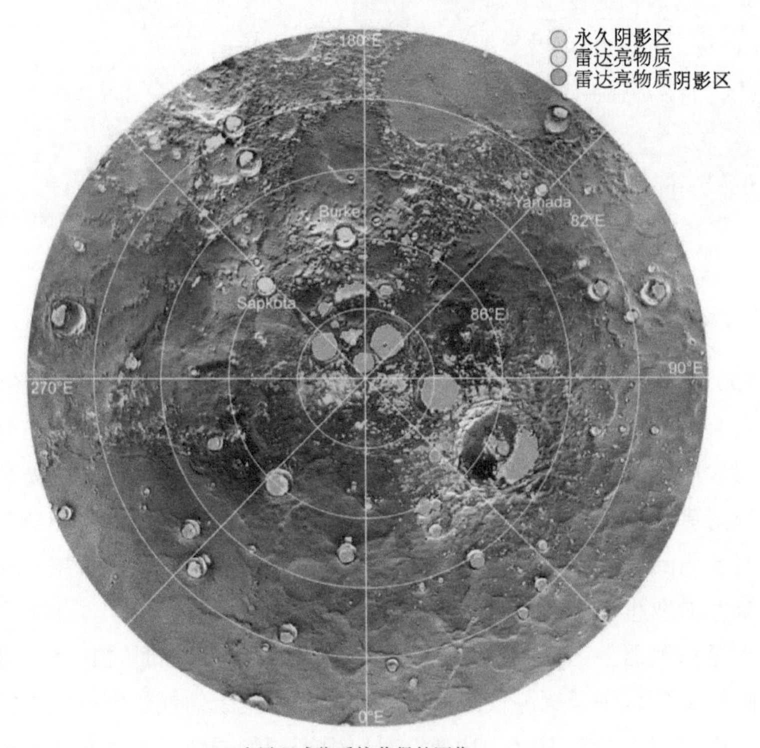

(a) 水星双成像系统获得的图像

(b) 激光高度计获得的图像

图4.16　水星北极和南极永久阴影区、雷达亮区分布图（Deutsch et al.，2016）

4.3.4　存在问题与未来探测建议

尽管月球和水星的永久阴影区存在很多类似的地方，但水星和月球两极挥发组分的含量却相差很大。对于水星，多源遥感观测数据表明两极永久阴影区存在大量的挥发组分。虽然月球表面永久阴影区存在挥发组分增强的证据，但与水星相比，其挥发组分含量很低且分布不均匀。要解释月球与水星两极挥发组分的差异，就需要研究挥发组分物质到达永久阴影区的机制，以及它们的存在与演化历史。过去的研究中已经获得了不少月球与水星极区挥发组分演化的历史，但仍然需要从未来探测中获得其他信息与数据以对此彻底了解。

思　考　题

1. 简述行星遥感技术的分类与用途。

2. 以月球为例，获得天体表面高程的遥感技术有哪些？简述这些方法的优点和缺点。

3. 以美国LRO月球探测器为例，介绍该卫星对月球探测的重要科学发现，包括科学目标、有效载荷、数据处理分析方法和主要科学发现等。

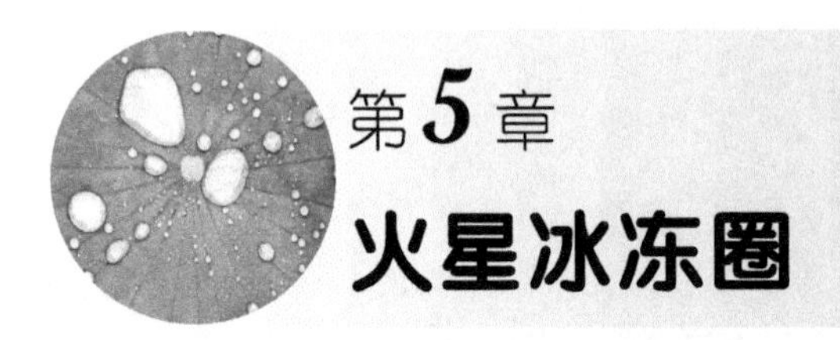

第5章 火星冰冻圈

5.1 火星简介

火星是人类探测和了解最多的行星，它是太阳系中已知唯一和地球一样曾经拥有液态水的行星。火星地表呈红色（图 5.1），亮度变化不定，在我国古代被称为“荧惑”。虽然现在火星的表面寒冷且干燥，但大量的研究表明，在火星的早期历史上曾存在过液态水，甚至有可能存在过生命。

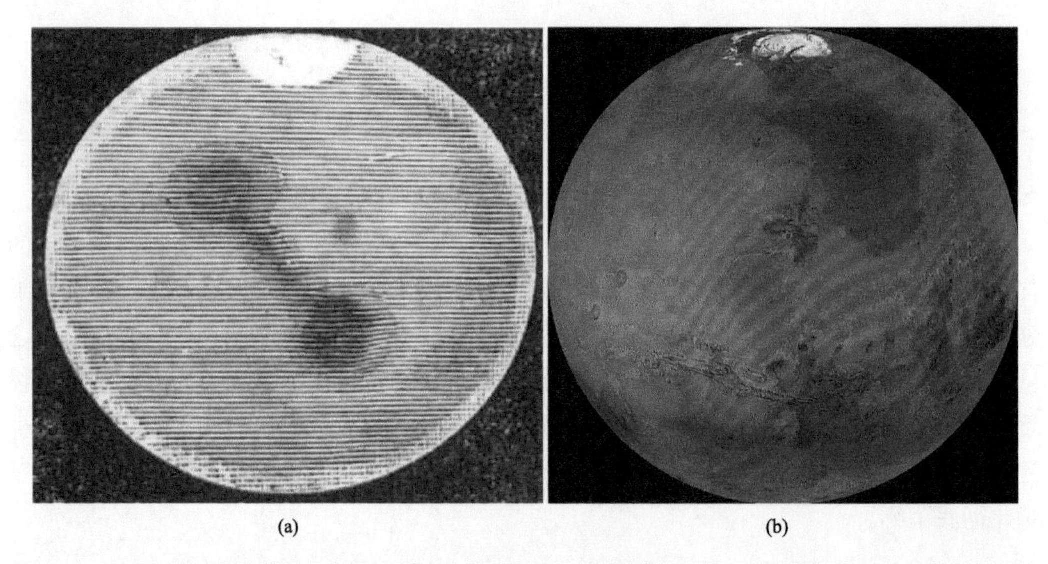

图 5.1　卡西尼根据观测所做的火星地图（依据 Thomas, 2008 修改）（a）以及维京号飞行器拍摄的火星（图片来源: NASA/JPL）（b）

早在 1666 年，天文学家卡西尼（Cassini）就通过望远镜对火星进行了观测。他发现火星的北极呈白色，和中低纬度的红色火表形成鲜明的对比，并且他还发现极地白色区域的面积随季节而发生变化。通过这些观测，卡西尼就做出这可能就是火星极地的冰盖的推论。有趣的是，火星冰盖的发现竟发生在人类登陆地球南极之前。由此可见，对于行星的观察和对于地球的探索共同推进了我们对于行星和宇宙的认识。随着火星探测计划的展开，人们对于火星地质历史和气候演变的认识正一次次被刷新，其中也包括对于火星冰冻圈的理解。在今后几十年中，对于太阳系行星和系外行星的探索将前所未有地更新我们对于行星地质和气候演化的过程的认识。本节介绍已知的有关火星冰冻圈的一些观察和理解，以及仍存在的问题。

5.1.1　火星上的生命和水

火星处于太阳系适宜生命区（宜居带）的外部边缘地带。一些研究表明，火表曾有过液态水，因此火星时常被认为是太阳系除地球之外第二个最有希望存在过生命的星球。最初，意大利天文学家乔凡尼·斯基亚帕雷利（Giovanni Schiaparelli）观测到了火星表面的线状地貌，将其命名为“河道”（canali），在将其翻译成英文时，误译成了“运河”（canal），这引发了人们对于火星文明的想象，也成了后来的科幻作品中最受欢迎的故事背景。1996 年在火星陨石 ALH84001 中发现了与生命的痕迹相似的特征。虽然现在这些陨石内的形貌特征并未被认定必然和生命有关，但其仍激发了人们投入火星研究的热情。

目前，通过一系列火星探测项目，包括环绕火星卫星遥感和火星车原位分析，已对火星环境的演化历史有了较全面的认识。即使还未能发现火星生命存在的迹象，或是曾经存在生命的确凿证据，基于其丰富的地质历史和水岩反应，火星仍有孕育生命的可能性。而寻找或是证实生命的存在，也正是不远的将来许多火星项目， 特别是火星样本返回（sample return）项目的首要科学目标。

无论生命是否曾经在火星上出现过，因其地貌特征、自转速度和自转轴倾角均和地球类似，它的历史气候演化一直是行星科学中最受关注的焦点。现在，因为火星地表的环境有着很低的大气压和比地球低得多的平均温度，所以液态水无法在火星表面稳定存在。因此在第一个进行火星探测的轨道飞行器到达之前，科学家对于火星上是否有水有过很长时间的争论。

20 世纪六七十年代，探测器的第一批图像数据就显示了火星地表最为显眼的水流特征——洪水冲刷造成的巨大河道（Masursky et al., 1977）（如 Kasei Valles，长约 1200 km，宽约 1600 km）。形成这样尺度的地貌，一部分原因是火星的重力只有地球的三分之一（g = 3.7 m/s^2），该地形不易垮塌。火星上拥有太阳系最大的火山奥林巴斯山（Olympus Mons），海拔高出火星的大地水准面约 24 km，也是因为火星重力较弱。除重力因素之外，这些巨大的河道的形貌特征（包括同时存在巨大的辫状河流和流线形河床）说明它们与地球上长期水循环造成的河流地貌不同，而更可能是间歇性、灾难性洪水暴发（catastrophic flood）所导致的。这里灾难性洪水是指类似地球上水坝溃决时形成的突然的强度极大的洪水。虽然这种洪水意味着大量的液态水同时活动，但也说明，形成这些巨大河道所需要流水持续的时间并不长，而有可能是短期的气候变化造成地下水爆发形成，并不代表长期温暖湿润的环境。

水手 9 号探测器进入火星轨道之后，它传回的高分辨率图像显示出，火星表面存在网状的河道系统（图 5.2），这更有力地说明了火星地表的确曾经有过液态水活动，并且火星早期历史上的气候可能和今天有很大不同。经过了几十年的火星探测，已经积累了多方面的证据，火星上确实存在长期的水流地貌和水岩反应。从全球尺度来说，火星表面径流（surface runoff）形成的网状河道（dentritic network）、各种开放和封闭盆地湖泊（open and closed basin lake）、三角洲（delta）和巨型冲积扇 （alluvial fan）等均表明它们是由液态水活动造成的。

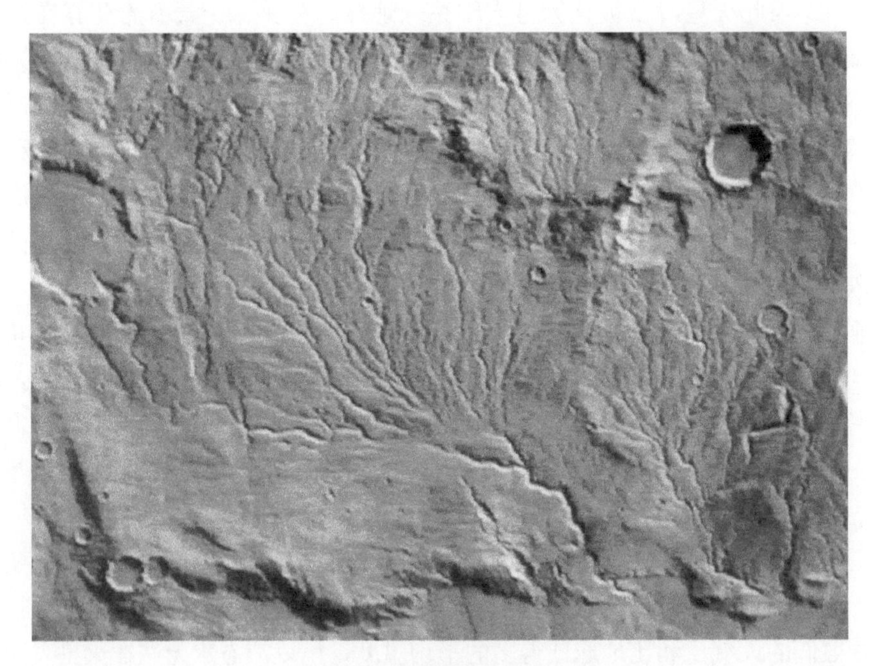

图 5.2　网状结构的河道

指示水流从左上向右下方流动，图像来自水手 9 号（NASA/JPL）

除宏观的地貌证据以外，沉积物在液态水流动的时候被侵蚀和搬运，在流速减慢的时候沉积下来，形成层状的沉积岩。沉积岩也广泛分布在火星上。好奇号火星车曾近距离拍摄到磨圆度较高的砾岩，被推断认为是河流相的沉积物。也有人认为，火星北半球占行星面积三分之一的平原可能拥有过一个海洋。但这些可能存在的海岸线没有得到新的高程数据及更高分辨率图像的证实，并且最初提出的海岸线并非处于同一等势面上。因此，北半球的平原地带是否曾存在过海洋仍是一个开放的问题。为了认识这一问题，许多研究者正试图给出更好的限定。尽管液态水地貌的证据确凿，但水流的持续时间和所指示的气候条件还没有确切的结论，因此需要通过地貌模拟等方法对这些地貌形成所需的水流量及持续时间进行更好地约束。

另外，高分辨率近红外光谱数据表明，火星在全球范围内广泛分布着多样性的含水矿物，包括层状硅酸盐（phyllosilicate）、硫酸盐（sulfate）、碳酸盐（carbonate）、含水的氧化硅（hydrated silica）等（Ehlmann and Edwards, 2014）。在这些矿物的分子式中，有些直接包含水分子（H_2O）或羟基（OH），有些在形成过程中需要有液态水的参与。这些更加确认了火星表面曾经存在广泛的水岩相互作用（water-rock interaction），虽然具体的反应过程和液态水的来源还不清楚。通过对高分辨率的光谱数据和图像的解译，学者们提出这些矿物的形成又可能来自不同的环境。例如，有些含铝硅酸盐出现在火表铁镁硅酸盐之上，与在地球表面径流形成的风化剖面类似，代表了火表水的参与。有一些铁镁层状硅酸盐在河流地貌的沉积物中出现，有可能是搬运作用或原位的成岩过程导致的。另一些还可能和火山附近水的热作用或地下水活动有关。有人提出，火星上的含水矿物可能来自撞击或火山活动引发的短暂的温暖气候中的降水和原岩反应，或早期岩浆海时期释放的高温水汽。

从原位探测（in situ）的角度来说，几个火星车（包括好奇号、机遇号、勇气号、探路者号等）的实地探测均发现了沉积岩和众多沉积成岩构造。例如，机遇号发现的火星“蓝莓”构造（实际上是富含氧化铁的结核）被认为是成岩过程中水参与的现象。各个火星车都观测到了广泛的含有硫酸盐的岩脉（热液流动进入岩石中已有的缝隙冷却结晶形成）。最近，好奇号在盖尔撞击坑进行实地勘探，发现此处的沉积物形成于一个长期存在的湖泊。其中发现的泥裂及圆度很高的砾岩等与地球上的沉积构造惊人地相似。这也为液态水的存在提供了新的证据，它们有助于确认火星上液态水存在的年龄、持续时间以及火星上的地质过程。

5.1.2　火星的地质历史

现在火星寒冷且干燥，只有极地和中高纬度的地下还有少量的水冰。如果火星历史上确实存在液态水，一个关键的问题就是液态水曾经在哪个时代出现，并且存在了多久。这些问题就涉及火星上的液态水来源于哪里？是火星最早期岩浆海时期的挥发组分释放，还是后期外界彗星或小行星撞击的产物？这些液态水现在去了哪里？是以什么样的形式逃逸的？如果液态水长期存在，就有可能孕育生命。如果只是瞬时的，则孕育生命的可能性就较低。

最直接的确定液态水存在和持续时间的方法就是用流水地貌的地质单元的年龄来限定。获得地表不同单元的年龄有两种方法，一种方法是通过长半衰期的放射性元素衰变来计算岩石的年龄，这样获得的是岩石的绝对年龄，地球的年龄（4.54 Ga）也是用这种方法计算得到的。另一种方法在行星科学上运用更为广泛，就是统计行星表面的撞击坑数量。随着地表单元的年龄增加，撞击坑的数量和大小会按照一定的比例增加，通过对比可以得到相对年龄。通过这种方法可以将火星的地质历史分为三个时期（图 5.3）：诺亚纪（40 亿~37 亿年前），赫斯伯利亚纪（又译为西方纪）（37 亿~30 亿年前），亚马逊纪（30 亿年前至今）（根据不同的撞击坑年代方程时代划分的具体年代会有所偏差，此处只介绍一种年代划分作为示例）。

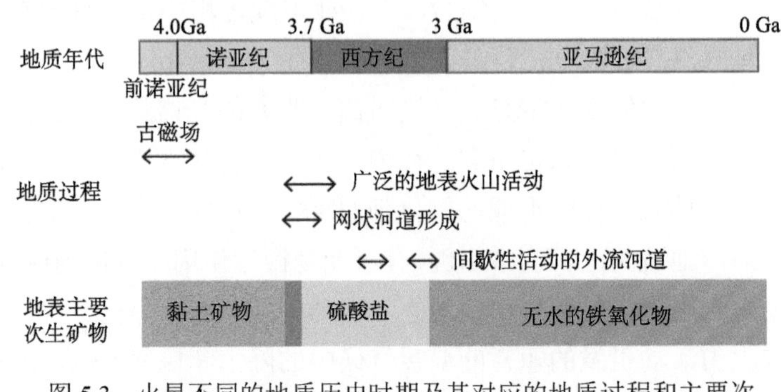

图 5.3 火星不同的地质历史时期及其对应的地质过程和主要次生矿物简图（修改自 Bibring et al., 2006）

火星的诺亚纪与地球上的冥古代等同。此时行星表面的液态水最多，也最为活跃。大部分网状河道和含水矿物都是在这个时期或更早形成的。在这个时期火星上也曾存在磁场。赫斯伯利亚纪是火星火山活动最为活跃的时期，普遍认为，这个时期的火星喷发释放了很多硫化物，导致了 pH 较低的水环境。在诺亚纪向赫斯伯利亚纪过渡的转折点上，也发生了从以黏土矿物为主到以硫化物为主的风化环境的转变。赫斯伯利亚纪也是火星上最大的河道形成的时期。地下水排放，聚集到北部平原，但很可能其上表面很快就冻结成水冰，然后升华。亚马逊纪非常长，但在这段时期，火星主要的液态水已经丢失，火山活动仍间歇性地进行，主要限于冰冻圈的变化。在这个时期，火星冰冻圈的地质过程就成了火星地表活动的主导过程。

除地表的液态水，火星还有一个重要的特征——火星的二分性（dichotomy）。从火星的地形图（图 5.4）上可见，火星的南北半球有显著不同，这个特征叫作二分性。火星南半球高地上陨石坑富集，平均海拔比北部高 4~5 km，而北半球的平原区平缓而缺乏撞击坑。表面陨石坑的数量指示了南北半球年龄不同，南半球大部分属于诺亚纪，而北半球大部分属于赫斯伯利亚纪和亚马逊纪。关于这一特征的形成有许多不同的说法：内因说，即火星早期地幔对流的不均一性造成的；外因说，即一个或多个大的陨石撞击形成了北部平原，还有人提出了是多种模式混合形成的。不管是哪种形成模式，在火星的最早期形成了这种二分性之后，后期的火山和沉积作用便造成了截然不同的地貌特征。这个地貌上的二分性对于火星的大气和冰冻圈的分布有着极其重要的影响。

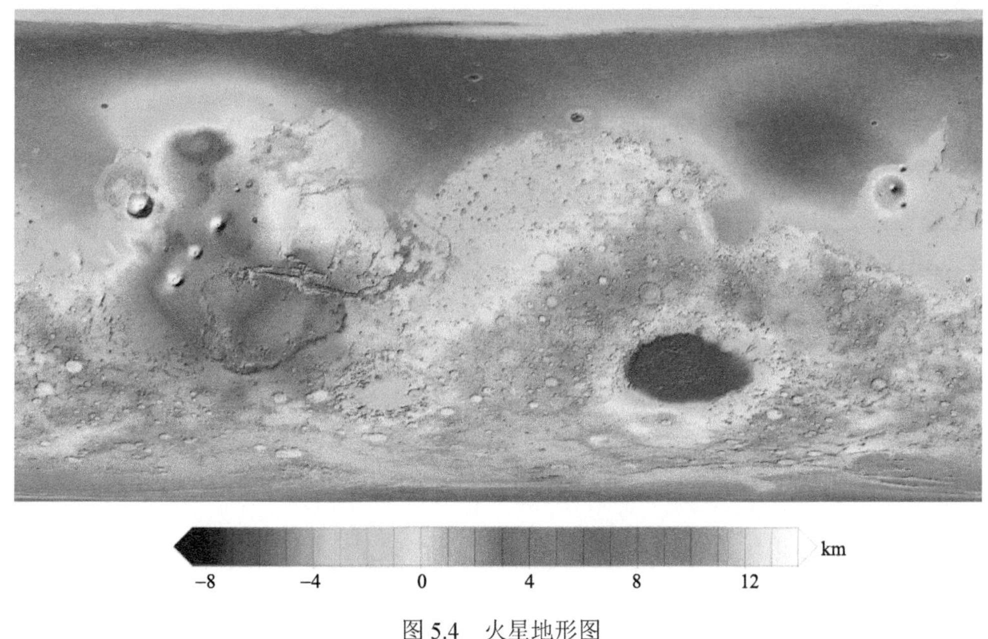

图 5.4　火星地形图

数据来自火星轨道激光高程仪 MOLA（Smith et al., 2001）

5.1.3　火星探测的展望

火星探测最重要的科学目标包括研究生命起源、气候演化及为将来人类移居火星做准备等。对于这些不同的科学目标，火星冰冻圈都有其重要地位，特别是对于人类移居火星的准备中，冰冻圈中的水冰能够为人类提供重要的资源补给。很好地确定水冰的分布范围能够为将来的工程开发做好充分的准备。这些都已不再是科幻小说里的内容，而是正在进行的科研项目。

5.2　火星的气候和冰冻圈

火星冰冻圈的构成有两大要素，一是挥发组分，包括火表大量的水冰和大气中的主要成分 CO_2，它们构成了冰冻圈的主体；二是火星的气候条件，也就是火表的温度和大气压保证这些挥发组分可以以固态形式存在，也能与大气进行交换。本节分别概述火星的气候条件，以及以 CO_2 和水为主的冰冻圈主体与火星气候之间的关系。

5.2.1 火星大气

火星的大气压只有 6 mbar，不及地球大气的百分之一。与地球大气以氮气和氧气为主不同，其主要成分（约 95%）是 CO_2（表 5.1）。

表 5.1 火星中低层大气的主要成分（Owen et al., 1977）

气体	比例
二氧化碳（CO_2）	95.32%
氮气（N_2）*	2.7%
氩（Ar）*	1.6%
氧气（O_2）	0.13%
一氧化碳（CO）	0.07%
水蒸气（H_2O）	0.03% †
氖（Ne）*	2.5 ppm
氪（Kr）*	0.3 ppm
氙（Xe）	0.08 ppm
臭氧（O_3）	0.03ppm †

*维京着陆器实验的结果， †气体含量会发生变化。

如果将火星表面的大气压力和温度画在相图上，则这两个变量正好落在水的三相点附近（273.16 K, 611.73 Pa）（图 5.5）。但这仅是一个有趣的巧合。如果考虑水在火星表面的热力学稳定性，理应采用火表温度和水分子在火星大气中的分压。因为水在火星大气中的含量不到 0.03%（表 5.1），其分压远小于 6 mbar。这样火表的水的温度和压力位于相图的左下角。

因此，虽然火星上的温度偶尔可以达到冰点（0 ℃， 273K）以上，但由于水的分压远低于水的三相点，水（H_2O）无法以液态的形式存在，而是从固态的水冰直接升华到大气中。也就是说，纯的液态水在现今的火星表面是无法稳定存在的。另外，根据恒星演化的规律，早期的太阳辐射比现今弱 20%~30%。从理论上讲，那时的温度应该比现在更低。如果是同样的大气条件，火星上广布的液态水就无法解释。这有点类似于地球早期气候的暗弱太阳悖论问题。早期火星的环境是怎样的，有怎样的大气，火星曾经有多少水，存在了多久，又是怎样演化成今天的样子，至今仍是火星研究最大的一个谜团。

今天的火星表面的水主要以水冰的形式存在，火星大气里只含有微量的水汽，以水为主的火星的冰冻圈构成了今天火星地表活动的主要地质过程。火星水冰大部分位于南北两极，也广布在中高纬度的沉积物里。除水之外，火星大气的主要成分 CO_2 在火星的极地也以干冰的形式存在。CO_2 的挥发性比 H_2O 更高，CO_2 在火星上，即便气压达到地球大气压，也没有可能达到 CO_2 成为液体的温度压力区间（图 5.5），常年以干冰和 CO_2

气体的形式存在。火星表面温度变化很大，在赤道地区温度可在–80～100 ℃及 20～30 ℃变化，在两极温度更低。在火星的温度范围内，CO_2很容易发生固相和气相的改变，成为火星冰冻圈季节性活动的成分。相比于水冰，干冰在低纬度地区更难以稳定存在，即使可能存在，也很容易升华而最终迁移到极地的冷阱地区。

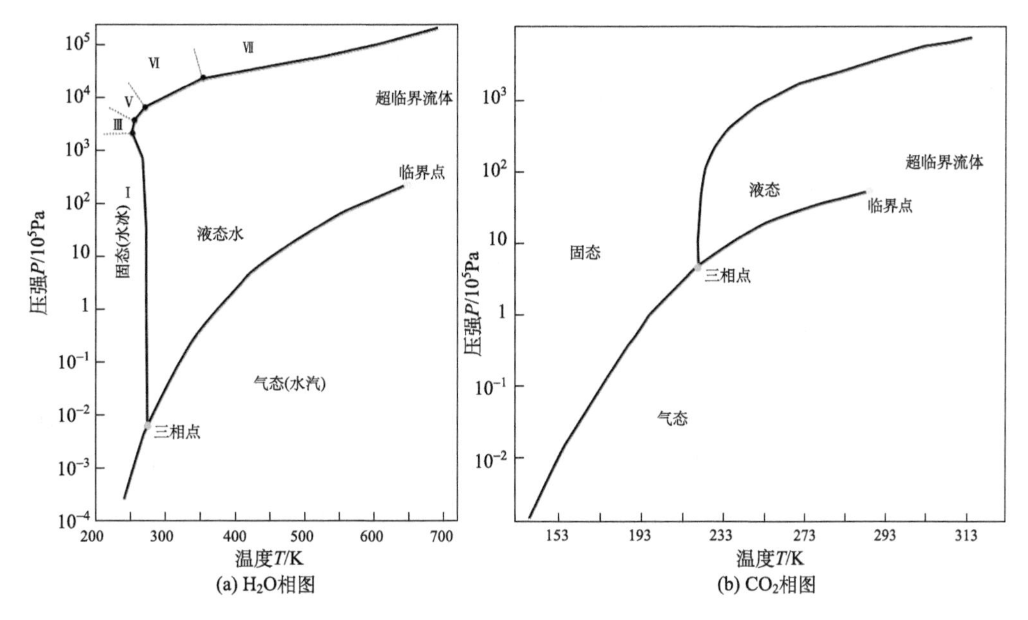

图 5.5　H_2O 和 CO_2 的相图

注意左右两图的温压范围不同

5.2.2　火星的气候和轨道参数

火星气温的日变化和季节变化是控制火星表面水冰和干冰分布的主要因素。

火星距离太阳约 1.5 AU，也就是说，火星与太阳的距离是地球的 1.5 倍。因此，火星表面的太阳辐射仅为地球的 44%。可以把火星表面温度与地球表面温度做对比。如果地球表面温度为 300 K（约 27 ℃），可以推测出火星表面平均温度约为 245 K，也就是约–28 ℃。但事实上，火星车在其地表测得的实际温度范围是–80~0 ℃，平均温度约–46 ℃（图 5.6）。可见，火星所处的轨道很大程度上决定了它会是一个寒冷的星球。既然轨道基本决定了火星的温度，想要使得早期的火星地表能够适合液态水稳定存在，就需要增强大气的温室效应。一种可能性是，如果早期火星具有温室气体，就可以提升火星表面的温度。然而，一些模拟研究表明，需要接近一个地球大气压及大量的 CO_2，其才能勉强达到 273K 的年平均温度，而另一些模拟表明，无论加入多少 CO_2 都无法达到这种效果。

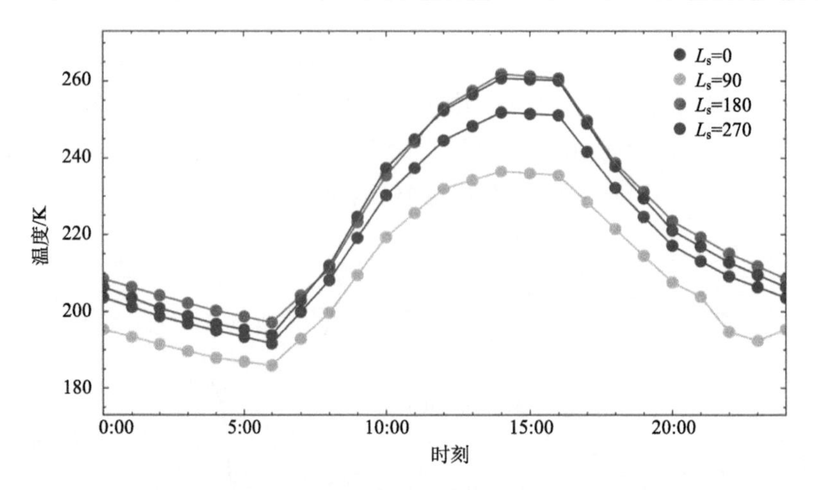

图 5.6 赤道地区火星气温日变化和季节性变化

不同颜色的线条指代不同季节（太阳经度 L_s，指示着行星处于公转轨道的位置）的模拟数据（并非直接测量）；图中数据来自火星气候数据库（Mars climate database v.5.3）

现今火星的自转轴倾角（25.19°）和地球很像，其南北半球的四季之分同地球相似。南北半球的热辐射随着季节变化会发生周期性变化。例如，在火星南半球的夏季（L_s = 270°），其地表温度可以达到 250 K 以上，而北半球极地只有不到 140 K（图 5.7）。这样的温度会造成 CO_2 在南极升华，而在北极从大气中凝华沉积下来。

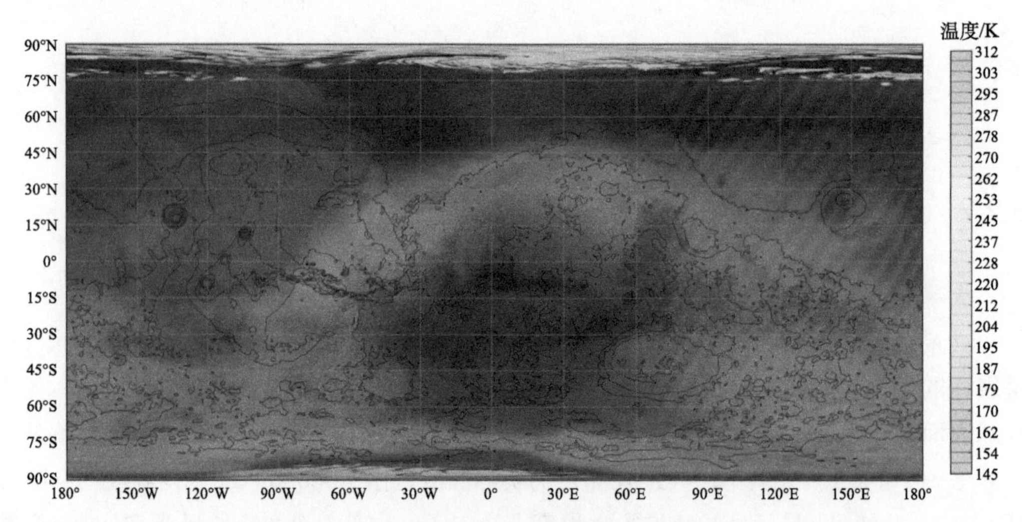

图 5.7 南半球夏季（L_s=270°）正午 12：00 的火星全球地表气温分布图

图中的数据来自火星气候数据库

因为火星缺乏地球这么厚密的大气，温室效应较弱，因此火星的昼夜温差和季节温度变化与地球相比都大得多。另外，地球的自转倾角（约 23.5°）的变化幅度很小，这是因为地球被月球潮汐锁定，自转轴倾角比较稳定。但火星的两颗卫星质量太小，对火星自转轴倾角的稳定作用较差。所以火星的自转轴倾角在历史上曾发生较大的变化，且由于受其他行星引力所产生的共振作用，火星自转轴倾角的演变是混乱的，变化范围为 0°~60°。这意味着在倾角较低的时候，火星极地所接收的太阳辐照会更低。在倾角发生较大变化的时候，火星两极温度的季节震荡将更大，冰冻圈的分布也因此随着太阳辐射的变化而发生改变。

另一个重要的轨道参数是火星公转轨道的偏心率。火星的偏心率很大，火星近日点和远日点到太阳的距离相差 9.3%，因此获得的太阳辐射也有较大的季节变化。这个偏心率加上南北两极的高程差，共同导致火星南极漫长且寒冷的冬天，而与此同时北半球会经历相对温暖的夏季。

5.2.3 火星的尘暴

火星表面经常发生沙尘暴（dust devil），这是火星的灰尘与火星的大气热力结构互相影响的结果。这些沙尘暴经过的地方会留下很多黑色的条带（dust devil tracks）（图 5.8）。不仅有小型和局部的沙尘暴，还会出现全球性的沙尘暴。全球性的沙尘暴可以持续几周到几个月，对火星短期内的大气热力结构影响很大。在全球沙尘暴期间，昼夜温差下降，风速显著增大，整个火星看起来就像是个橙色的毛球。图 5.9 中，通过两图的对比就可以看出火星沙尘暴的强度。沙尘暴过后的季节，白天温度降低，这是由于大气中累积的沙尘散射太阳辐射，增大火星的反照率。南北半球产生的沙尘暴规模不同。北半球沙尘暴很少能够达到全球范围，而南半球产生的沙尘暴规模普遍比北半球小，但有时会引发全球性的沙尘暴。

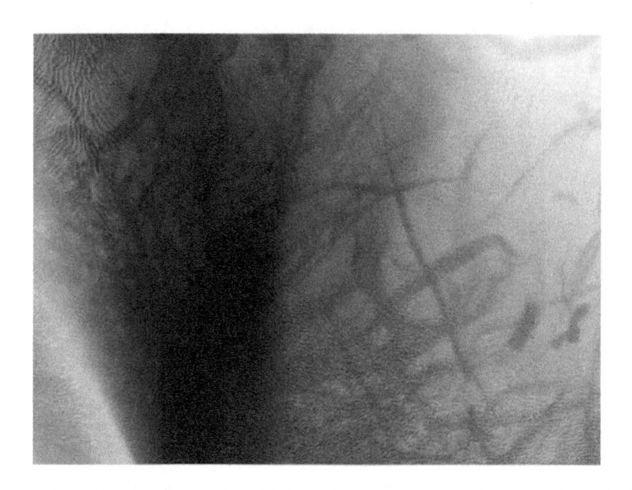

图 5.8　火星沙尘暴的轨迹，该图像为 HiRISE 相机拍摄的假彩色图像

图片来源：NASA/JPL/University of Arizona

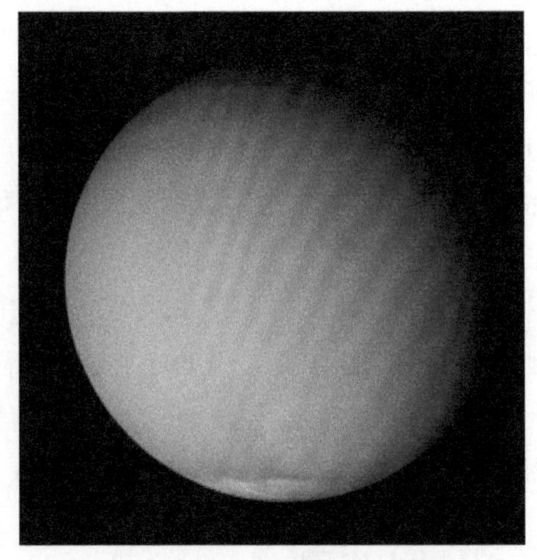

(a) 没有沙尘暴发生(2001年6月)　　(b) 全球沙尘暴发生时(2001年7月)

图 5.9　火星全球勘探者号火星轨道器相机拍摄的没有沙尘暴的火星和全球沙尘暴发生时候的火星

图片来源：NASA/JPL

5.2.4　火星的冰冻圈组成和意义

火星低纬度地区水冰的热力学不稳定性导致地表和近地表的水冰会在被太阳照到的时候迅速升华进入大气中，然后到达接近两极的地方凝华成水冰，并进入两极的冷阱中。因此，火星和地球一样，也有大片厚达数千米的极地冰盖，以及广布在中高纬地区的地下冰。这些冰沉积与行星大气相互作用，并记录其地层的气候变化。从轨道变化来说，地球和火星都经历米兰科维奇循环（Milankovitch cycles），对稳定冰的分布有着深远的影响。从这些方面来说，火星的冰冻圈和地球有一定的相似之处。

然而，火星没有地球上的海洋和冰盖之间的相互作用。火星上独特的季节性 CO_2 升华和沉降使得火星大气质量有显著的季节变化。冰盖有些部分在升华之前变成透明板状，并产生喷泉般的效果，以及一系列其他独特的活动特征。可以说，火星的冰冻圈与地球既相似又有其本身的独特性。

火星的冰冻圈由几个不同的部分组成。这些冰体在不同的时间尺度上对应着火星气候环境的变化。例如，季节性 CO_2 冰盖仅存在于各自半球的冬季，它与火星的季节变化密切相关。南北两极在夏季稳定的残留冰盖和中高纬度的地下冰是制约火星气候年际变化的关键因素。南北两极的层状沉积物，即多层厚达数千米的圆顶，记录的气候变化可能在 10^5~10^9 年的时间尺度上，类似于地球的冰盖。通过对于火星极地过去沉积物的研究，可以了解火星气候环境在历史上的变化。火星轨道偏心率和自转轴倾角的变化所导致的太阳辐射准周期性变化可能对火星的气候变化有巨大的影响。根据新的火星探测数据，可以更有机会确定火星极地冰盖的地层和火星轨道变化的关系。两极的冰盖和中高纬度地区的地下冰也为下一步人类登陆火星提供了可以利用的宝贵的水资源。

为了将来很好地利用这些水资源，必须增进对火星冰冻圈的认识，特别是有关CO_2、H_2O和尘埃的季节性循环、质量和能量估算。还需要研究这些极地沉积物的年龄和地层结构，以及其沉积、侵蚀、变形和融化的历史，确认其是如何和火星其他地区的表面和地下冰沉积进行长期交换的。最后，极地地区是否可能为过去或现在的生命提供宜居的环境也是一个值得关注的问题。火星极地冰冻圈的研究不仅对研究火星的气候历史演变有重要意义，也为将来人类登陆火星有重要意义。

5.3　极地冰盖的组成和地貌

火星南北两极的冰盖是火星冰冻圈的主体。本节将着重讨论火星南北两极冰盖（也称极地冰冠或冰盖）。早在 1966 年，通过地基望远镜观测就已经发现火星拥有极地冰盖，并且其大小随着季节而变化。于是人们提出了火星的冰盖可能与大气存在着季节性的物质交换（Leighton and Murray, 1966）。

5.3.1　极地冰盖的成分——CO_2还是H_2O

1969 年，水手 7 号（MARINER 7）探测器到达火星。可以通过它的热红外辐射计（infrared radiometer）测量地表热红外波段的辐射强度来估计地表温度和不同的地表单元的热力惯性。当水手 7 号通过南极冰盖的时候，测得地表亮度温度急剧下降，正好符合CO_2的升华温度 148 K，该亮度温度与周围的地层温度形成鲜明的对比（图 5.10）。该发现第一次证实了季节性冰盖的组成是CO_2，与之前的推测一样。1976 年的维京号（Viking）火星任务第一次在轨拍摄了火星南北极的照片（图 5.11），也提供了第一次直接测量南北极地永久冰盖成分的机会。

根据维京号轨道器的热红外扫描仪（IRTM）传回的数据发现，火星北极夏季的亮度温度上限高达 205 K，远远超过了CO_2的升华温度。同时进行的大气水汽测量证实，北极大气中的水含量相对于表面储层是饱和的。这一结果表明，北极的永久冰盖的挥发性组分是水冰。

在确定了北极永久冰盖是由水冰组成之后，可以推断南极的永久冰盖也是水冰。但结果大大出乎人们的意料，在接下来的南极夏季，火星南极表面温度并未超过 148 K，南极大气中的水汽含量也大大低于以前在北极记录的水平——这说明南极永久性冰盖还是干冰。

虽然在火星南极发现永久性的CO_2冰盖有点让人惊奇，但南极的低温意味着那里是水汽的冷阱，因此，南极永久性冰盖至少部分由水冰组成。后来，热红外和近红外光谱探测均证实了南极极地CO_2残余冰盖之下存在水冰，而且水冰的分布范围和CO_2残余冰盖不完全重叠（图 5.12）。虽然已经确认了南极冰盖水冰为主的成分，但对于寻找隐藏的 CO_2 储库的努力并未停止。近期的雷达数据表明，在南极的层状沉积物里面，很可能还藏有部分过去的 CO_2 残余冰盖的沉积，相当于火星大气质量的 80 倍。

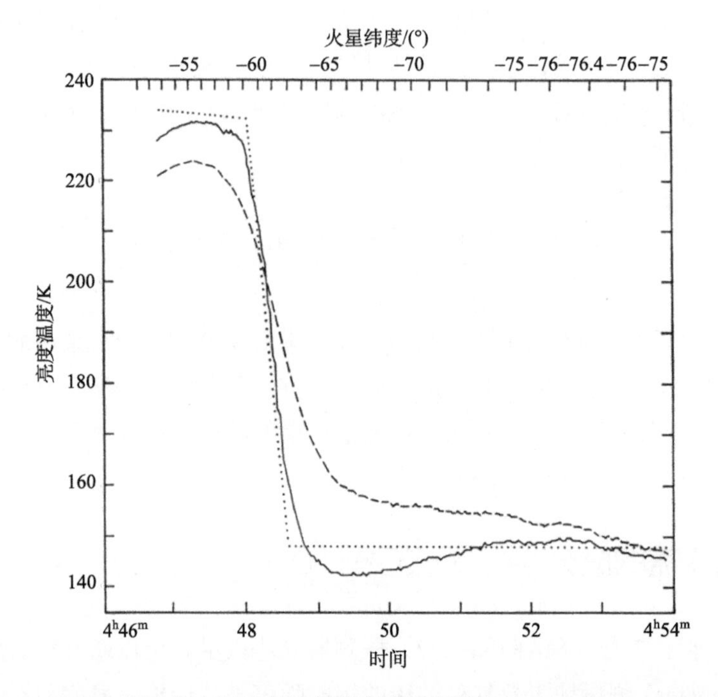

图 5.10 水手 7 号飞掠火星南极冰盖的亮度温度变化（Neugebauer et al., 1971）

虚线表示的是原始数据，实线则为基于点线表示的火星地表温度模型的视野矫正之后的数据。在南纬 60°以南亮度温度从 220~235K 骤降为 148K

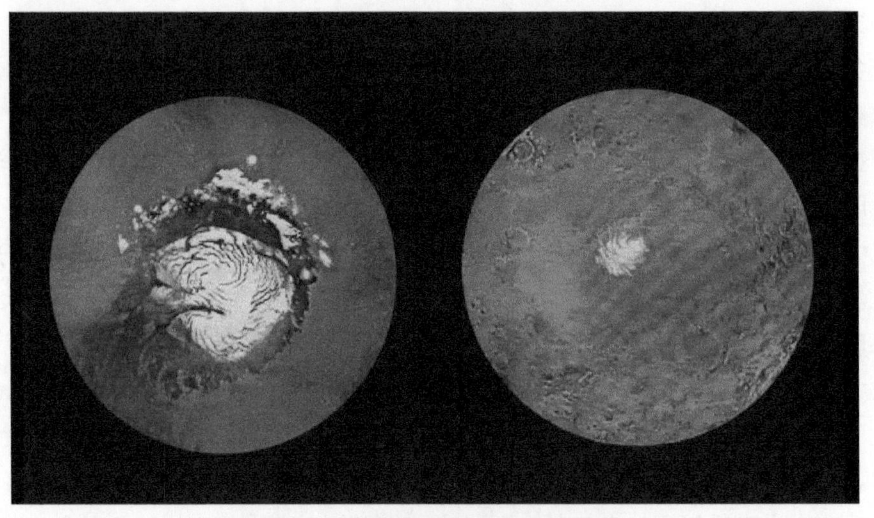

图 5.11 火星南北两极永久冰盖图像

左图为北极冰盖，右图为体积较小的南极冰盖的图像和高程剖面（Clifford et al., 2000）

图片来源：Nasa/JPL/USGS

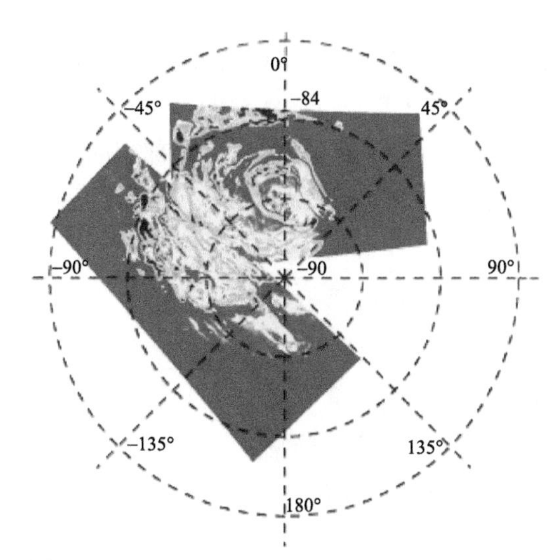

图 5.12　欧洲太空署的 OMEGA 近红外成像仪发现火星南极的水冰（图中为蓝色部分）（Bibring et al., 2004）

注意水冰主要出现在 CO_2 冰盖周边，特别是周边峭壁上层状沉积物出露的地区

总结一下，南、北两极的冰盖都由季节性冰盖和永久性冰盖两部分组成。两极的季节性冰盖都是以干冰为主要成分，反映了以 CO_2 为主的火星大气在极地冬季的凝华过程。季节性冰盖的表面多处出现暗色呈放射性的“蜘蛛”构造。现在普遍认为，这些特征反映的是一个干冰沉积随着时间推移，粒度增大，通透性增强，使得 CO_2 冰片底部被加热，其升华并从缝隙中喷发的过程（Thomas, 2008；图 5.13）。

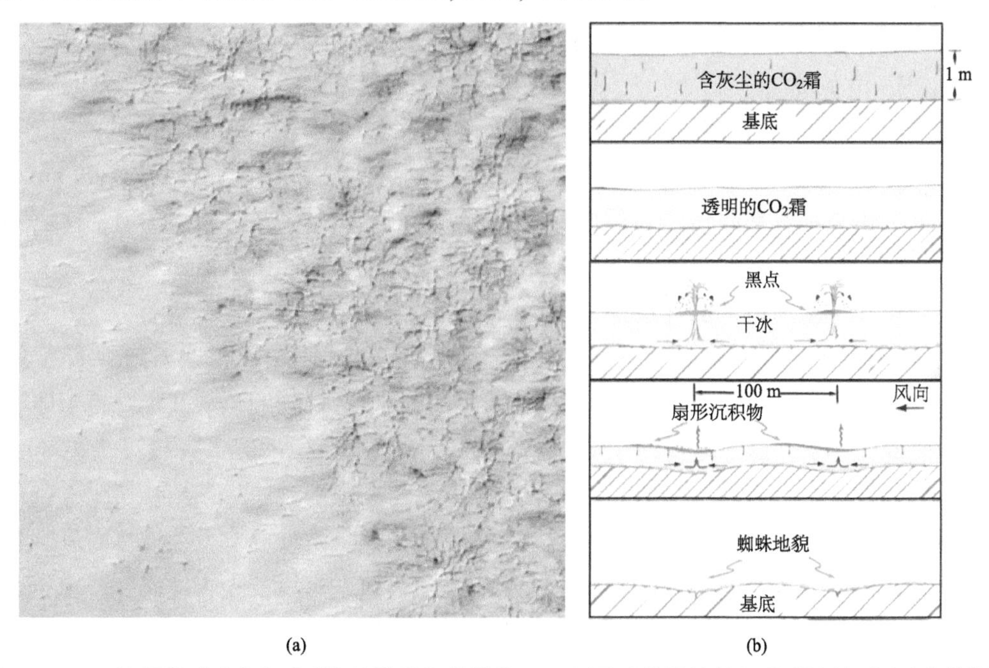

图 5.13　CO_2 冰层的“喷泉”或“蜘蛛地貌”的图像（a）以及“蜘蛛地貌”形成过程不同阶段的简图（b）（Kieffer, 2007）

两极的永久性冰盖都包括两个组分，一部分为所谓的“残余冰盖”（residual cap），也就是冰盖上层，1~10m 厚，是在夏季可以保存的高反照率冰体。它们位于层状沉积物之上，在北极这部分为水冰，而在南极为干冰。另一部分即两极冰盖的主体，是由水冰和灰尘的混合物组成的具有水平层理的层状沉积物，厚度达几千米。图 5.14 为火星南北两极冰盖结构对比简图。

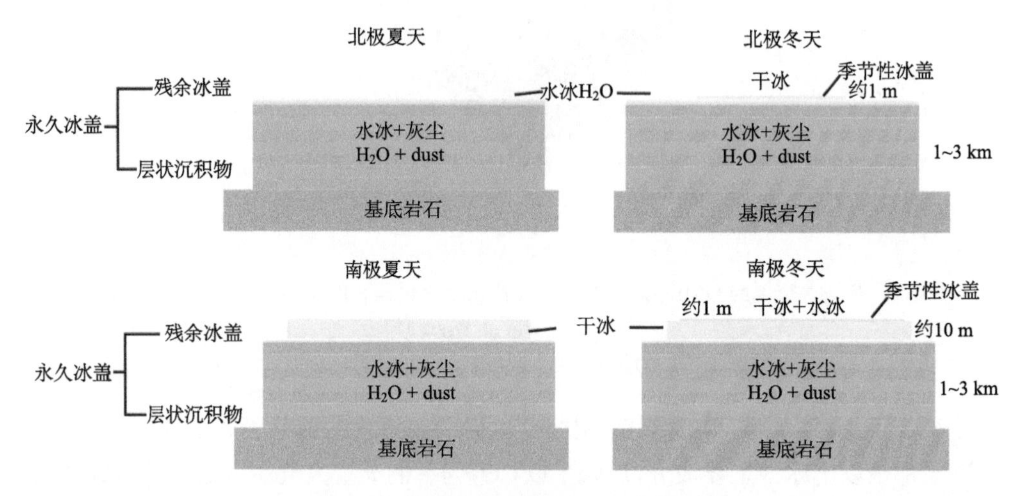

图 5.14　火星南北两极冰盖结构对比简图

其中厚度并非真实比例

5.3.2　两极残余冰盖的特征和差异

尽管南北两极都有残余冰盖，但两极的残余冰盖有显著不同的组成和特征。在南极，小型残余冰盖（直径大于 400 km）集中在（87 °S，45 °W），距离南极点约 200 km。南极残余冰盖由高反照率固体 CO_2 组成，厚度大约为几米。已经在其边缘和内部探测到了下方层状沉积物的水冰。有趣的是，南极残余冰盖的中心偏离南极点，近期研究表明，这个现象可能与地形造成的驻波有关。

南极 CO_2 残余冰盖有独特的地貌特征，包括形成准圆形凹坑的“瑞士奶酪”地形（Swiss cheese terrain）[图 5.15（a）和图 5.15（b）]。这些地貌的形成其实来自干冰的侵蚀。在南极的残余冰盖上能找到许多不同形状和尺寸的类似的凹坑，深度为 2~10 m。凹坑形状的南北不对称表明它们的壁随着干冰的消融而扩张。

现在的南极 CO_2 冰盖处于一个非常微妙的状态，其稳定性取决于其维持高反照率的能力，一旦部分冰盖开始升华，反照率降低，太阳辐射就可以被吸收，储存在地下，进而抵消第二年的冰沉积，一直到全部残余冰盖消失。模拟结果建议，南极残余冰盖可以在大约 60 个火星年的时间尺度上被侵蚀和再生。无论当今的南极残余冰盖正经历着净增长还是净消退，现在看来，这个 CO_2 冰盖最多只相当于当前火星大气质量的百分之几，而不是一度认为的那样，它是能够缓冲大气质量变化的大型 CO_2 储库。

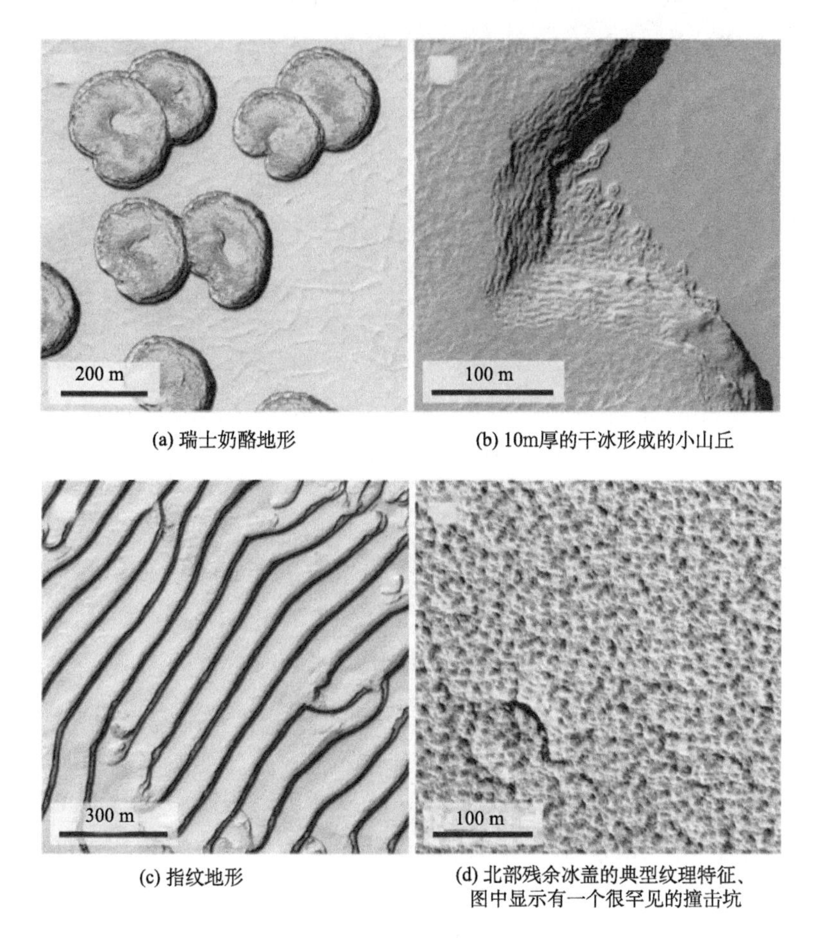

图 5.15 高分辨率的 HiRISE 假彩色图像（图片引自 Byrne, 2009）

北极残余冰盖由水冰组成，但其可见光反照率低于典型的陆地冰，表明有灰尘或大冰粒的混入。最近的高光谱观测表明北极残余冰盖的低反照率和粒度大的冰粒有关，而不是灰尘的混入。粒度大、存在时间更老的冰的暴露意味着北极残余冰盖目前正在经历整体的净损失。但是北极冰盖上也有一些全年明亮的孤立斑点（cold spot），是新的水冰发生积累的地方。在高分辨率图像上可以看到北极残余冰盖的表面有很多线性脊状地貌的“指纹”地形（fingerprint terrain），以及 10~20 m 的均匀的凹坑纹理[图 5.15（c）和图 5.15（d）]，其高差小于 1 m。北极残余冰盖通常被解释为北极层状沉积物（图 5.16）形成过程中，在当下环境中对应的产物。

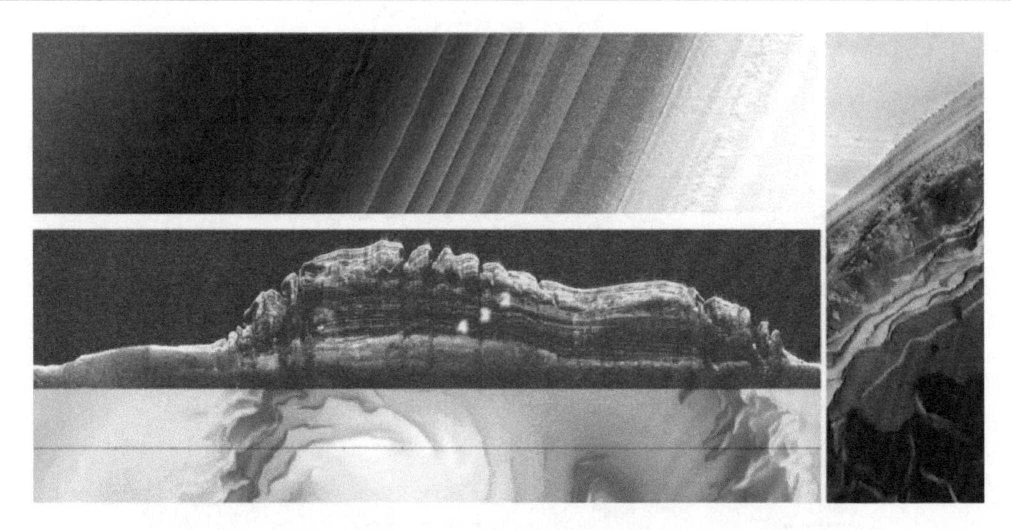

图 5.16 北极的层状沉积物的地层剖面（图片引自 Byrne，2009）
来自高分辨率的 HiRISE 假彩色图像和雷达数据 SHARAD

两极地区是火星上最年轻的火表单元之一，但南北两极的地表年龄却有所不同。前文提到，地表撞击坑的数量和频率可以反映一个地区的相对年龄。在北极，最初通过维京飞行器拍摄的高分辨率图像显示，在面积大于 10^6 km^2 的范围内，竟然没有任何直径超过 300 m 的陨石坑。后来，随着高分辨率图像数据的获取，有学者进一步识别和分析了北极残余冰盖表面的撞击坑群，发现北极残余冰盖是一个“平衡表面”，意味着撞击坑产生和消失的速率相等，因而不能用单一年龄来表征。使用修正过的撞击坑产生方程（production function）来计算，该表面可能在 1500 年的时候经历了重新改造。

火星南极是另一种景象。有学者发现，南极至少有 15 个直径大于 800 m 的陨石坑，这意味着南极表面年龄可能至少是 7~15 Ma。新的高分辨率图像甚至揭示了更多的撞击坑，据此对冰盖的年龄进行修正，得到新的年龄为 30~100 Ma。虽然陨石坑确定的年龄存在很大的不确定性，但南北两极地表地貌的显著差异意味着，两极层状沉积物的地表年龄差异达到 2 个数量级。值得注意的是，现在估计的南极冰盖地表年龄已经超过火星轨道变化的周期（10^5~10^6 年）。因此，南极地区不稳定的 CO_2 冰盖并不能用一个不完整的轨道变化周期来解释。另外，通过陨石坑密度还可以对极地表面改造（沉积或侵蚀）的速率进行推测，发现南极为 60~120 m/Ma，而北极为至少 1165 m/Ma。这些结果意味着，形成这些沉积物的过程在南北半球是不对等的，有可能和两极将近 6 km 的高程差异有关。

5.3.3 层状沉积物

如前所述，两极极地冰盖的主体都由几千米厚的层状沉积物组成（图 5.16）。这些沉积物在两极形成了穹顶状的地形，分别称为北极高原（Planum Boreum）和南极高原

(Planum Australe)。北极和南极的层状沉积物的体积分别为约 1.14×10^6 km^3 和约 1.6×10^6 km^3，加起来和格陵兰冰盖的体积接近（约 2.6×10^6 km^3）。

北极高原的穹顶直径达 1000 km，高出地表基准面 3 km。雷达数据（来自 MARSIS 和 SHARAD 仪器）发现，北极高原的底部地形十分平坦，没有发现任何岩石圈弯曲的证据。南极高原最厚的地方也有 3～4 km，其较薄的部分分布面积更广，一直延伸到 60°S 的附近。南极高原的底部极点附近有着一些凹陷，可能是撞击坑，但总体也没有观察到明显的岩石圈弯曲。

南北两极的层状沉积物由水冰和灰尘的混合物组成。这些层理的形成和沉积岩类似，代表了冰和灰尘的比例的变化。后来的热红外和近红外光谱数据证实了水冰的存在，但水冰和灰尘以何种方式混合沉积还不清楚。MARSIS 雷达数据发现层状沉积物的透明度高，有较纯的水冰特征，认为灰尘的含量在北极少于 2%，在南极少于 10%。SHARAD 雷达也在北极获得了相应的数据，但在南极没有穿透到沉积物底部，这可能和南极冰中裂缝产生的体积散射有关。与此同时，根据南极高原的重力异常推断的冰盖密度（1220~1271 kg/m^3）意味着含有大约 15% 的灰尘含量。现在基本确定，尽管两极沉积物都以水冰为主，但南极的灰尘含量比北极高。

如图 5.17 所示，北极冰盖最显著的特征是暗色螺旋状的曲线槽。这些曲线槽沿着逆时针方向从极点向外旋转。单个槽通常为数百千米长，5~15 km 宽，0.1~1 km 深。通过这些凹槽形成的天然剖面可以直接观测层状沉积物内部的结构。单个凹槽内部的单个水平层，往往可以追溯到几百千米以上，这意味着这些层理在整个冰盖上几乎是连续的。这些侵蚀性凹槽中最大的一个是 Chasma Boreale（85 °N，0 °W），几乎从冰盖内部的深处一直延伸到外缘，延伸距离约 600 km，宽度达 350 km。这种特殊地貌的形成有两种

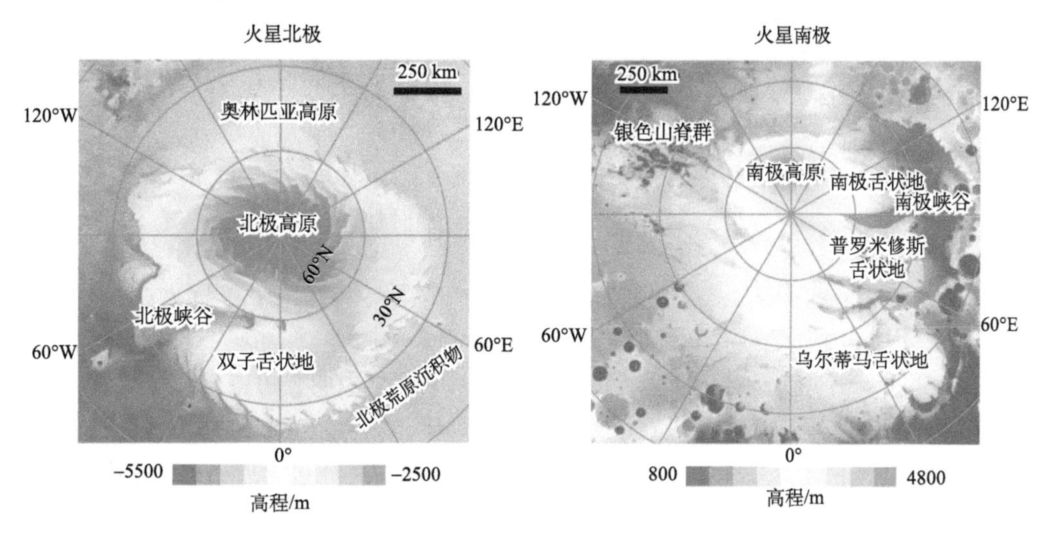

图 5.17 南北两极冰盖的地形图

数据来自火星轨道激光高程仪（MOLA）

解释，一是由极地冰盖底部的冰川下融水的瞬间快速排放导致，二是因为下降风在缝隙中聚集而形成风蚀。这些巨型凹槽的方位和科里奥利力（Coriolis force）作用下的下降风（katabatic wind）的侵蚀相符。南极也有几个主要的侵蚀凹槽，其中最大的是 Chasma Australe（88°S，270°W），与北部的 Chasma Boreale 大致相同。

5.3.4 极地的其他沉积

火星的高纬度地区分布着一些水冰，虽然不在极地冰盖中，但这些水冰和北极冰盖中的水冰类似。例如，在 75°N 以上的一个撞击坑内（Louth Crater）有一个非常漂亮的水冰的沉积（图 5.18）。极地冰盖附近还分布着一些古老的极地沉积物。在层状沉积物底部有一些已经没有水冰的沉积物，但它们的水平层理看起来像是极地层状沉积物的延续。

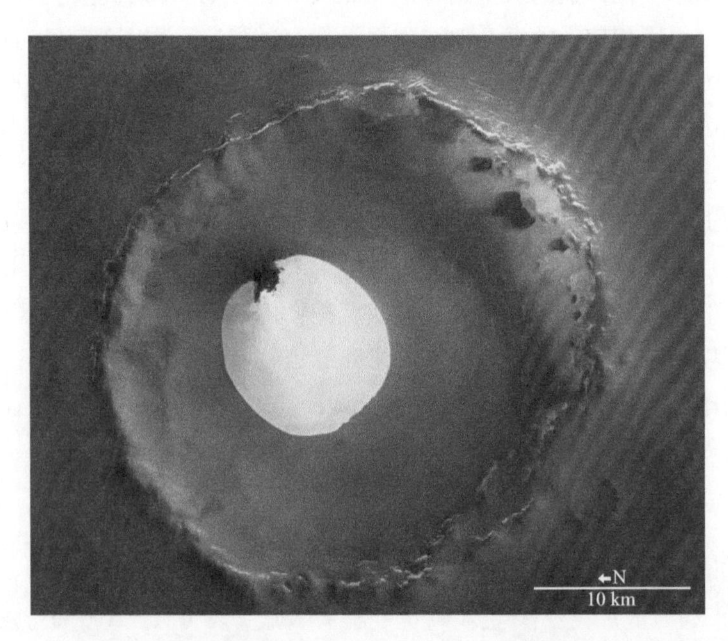

图 5.18 高纬度地区撞击坑中的水冰沉积（图片中的撞击坑为 Louth Crater）
图片来源：ESA/DLR/FU Berlin （G Neukum）

环绕着北极冰盖的是一个颜色较暗的带状沙丘形成的极地沙漠（polar erg）（图 5.19），面积约 7500 km^2，也称为奥林匹亚沙丘地（Olympia undae）。沙丘通常高达 10~50 m，并间隔 1~2 km。这些沙丘材料的热惯性低于普通砂砾，这表明它可能是由静电聚集的较小颗粒组成的，或沙粒之间存在其他低热惯性的物质。它们聚集起来并通过环绕北极的极地东风搬运沉积。近红外光谱数据表明，这些沙丘的成分包含以石膏为主的硫化物（$CaSO_4$）。低纬度地区的暗色沙丘大多以典型的玄武岩矿物（橄榄石、辉石、玄武质玻璃）为主。极地沙丘特殊的热物理特性和成分与低纬度地区的沙丘极为不同，它们似乎是由一个独特的过程形成的，尽管其周围没有很明确的源区。它们的形成可能和极地侵蚀凹槽的形成有关，也有可能来自极地附近的 Alba Patera 地区。

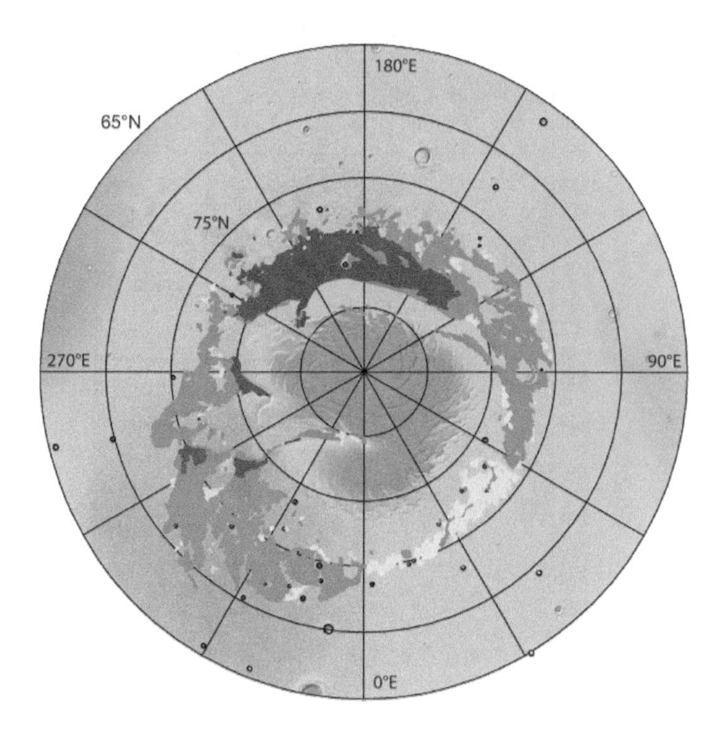

图 5.19 北极冰盖周围的奥林匹亚沙丘地分布图（Hayward et al., 2010）

红色为沙丘的分布，来自火星全球数字沙丘数据库

5.4 极地冰盖和气候

5.4.1 火星轨道参数和冰盖的长期稳定

火星倾角和轨道元素的变化造成日照的周期性变化，并对极地的沉积和侵蚀作用的相互平衡进行着调节。其中，火星倾角的影响力最大。倾角以其当前的平均值振荡，周期为 1.2×10^5 年（图 5.20）。这种振荡的幅度也随时间变化，并且以 1.3×10^6 年的周期进行调节。在低倾角下，季节性温度波动和平均年极地温度都处于最低水平。高倾角时则相反，当夏季的连续日照与黑暗的冬季交替时，会产生极端的季节变化和两极地区的高年平均气温。

影响极地日照的其他天文变量包括 5.1×10^4 年的岁差周期、两个叠加的轨道偏心率变化周期、一个峰值振幅为 0.04 的 9.5×10^4 年周期，以及另一个振幅为 0.1 的 2×10^6 年周期。然而，尽管轨道偏心率的岁差周期和变化影响夏季极地日照的峰值和持续时间，但只有倾角的变化改变了给定纬度的年平均日辐射量。

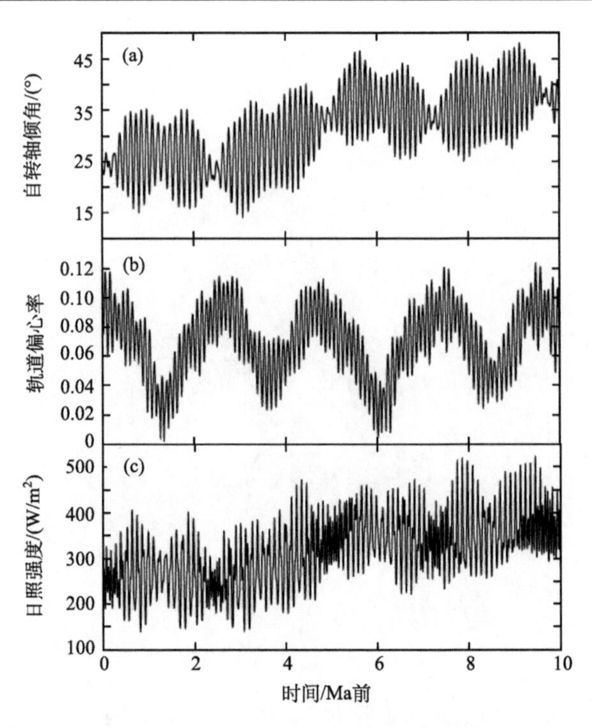

图 5.20 火星轨道参数的变化趋势和北极夏至（L_s=90）日照的预测（Laskar et al., 2002）

需要指出的是，对于历史上火星日照的推测受到两种效应的限制。首先，由于行星轨道的引力共振，火星倾角的演变是混乱的。在这种混沌的倾角变化限制下，仅能将火星的倾角变化推测到数百万年。其次，极地冰盖的总质量及极地周围物质分布的任何不对称（如在南极就很明显）可能会影响进动的速度并引起极移（也就是由于行星质量分布的转移而自转轴和极点发生迁移的过程）。因此，极地日照可能造成很强的气候反馈，是气候变化的主要驱动因素。

尽管存在许多不确定性，几乎所有的轨道模拟都指向，在距今 5 Ma 前，火星具有高于平均值的倾角。此时高倾角带来的更多的日照会导致两极冰盖的不稳定，并在 10^4 年以内使得两极的层状沉积物消失。虽然很有可能北极冰盖形成于这个年龄之后，但南极冰盖约 10^7 年的年龄和这种现象明显存在矛盾，目前还未能很好地解释。因而对于历史上火星的极地沉积的特征也难以判定。

5.4.2 南极残余冰盖的存活

除需要在轨道尺度上解释南极永久冰盖的稳定性，在短期的一个气候循环内，另一个重要的问题是，南极为何能够在年循环中保留以 CO_2 为主的残余冰盖。理论上讲，热平衡决定了南北极 CO_2 永久冰盖的保留（Paige and Ingersoll, 1985; Paige and Kieffer, 1986）。但两极之间的关键区别是地形，地形对 CO_2 霜点温度和冬季热平衡产生影响。

因为在夏季，对于给定的斜度，可用于升华 CO_2 的总的日照在两极是相同的。但北极比南极平均高程低 6.5 km，该高程差导致 CO_2 表面冷凝温度有 5.8 K 的差异（北极 149 K，南极 143.2 K），这就意味着北极 CO_2 的凝结率应该比南极高出 14.8%。由此可以推论，永久性 CO_2 冰盖更容易形成在火星北极。但目前，火星北方的冬季相比于南方短 20%，或许可以抵消这种效应。这一事实本身还不能很好地解释目前南极有着永久性 CO_2 冰层的情况。

南极 CO_2 冰盖的存活可能归因于春季反照率比北部相同季节高出约 33%，这种南北半球不对称可能因为南极春季近日点附近接受更多日照，南极尘埃颗粒在夏季反照率增大，使得干冰得以保存。另一种机制是，早春季节性 CO_2 冰盖的快速升华产生了一种风速，其向上速度分量超过大气尘埃粒子的 Stokes-Cunningham 沉降速度。通过这种方式，随着春季日照角度升高，升华速率增大，逐渐增大的尘粒被扬起并被从季节性冰盖上搬运走。后来，一些学者提出，由于火星南半球的地形高于北半球，南半球的夏季环流占主导地位，不对称大气环流在高空向北，在表面向南向下降低，形成了一个火星独特的哈德利循环，这也许可以解释火星两个半球间的差异。

5.4.3　层状沉积物的层理

大规模层理的形成可能来源于火星轨道变化所带来的气候的周期性变化。因为轨道驱动的温度年际变化可以影响极地地貌的演变。例如，低倾角时两极地区更加寒冷，导致极地冰盖扩张，高倾角时极地温度升高，冰盖就发生退缩，由此可以解释交错的沉积层理。除调节极地沉积物的面积范围外，轨道变化也会影响冰盖的沉积和保留。例如，对于低倾角来说，当两极处于最低温度时，大型以 CO_2 为主的冰盖在一年中持续存在，导致大气压可能下降到尘埃不再从行星表面扬起。全球性尘暴活动停止导致水冰沉降减少。相反，在高倾角时，极地高纬度地区表面温度升高，可能会大大减少或消除年沉积层中的水冰组分。近期很多工作通过分析高分辨率图像中的层理韵律特征和雷达数据，试图将沉积层理的变化和轨道的周期性变化进行对比，通过这些极地地区的地质记录来限定火星的环境变化，但由于图像上的亮度变化和侵蚀特征可能被滞留沉积物（lag deposit）影响，目前还很难确认图像上识别的层理是否可以对应层的物理属性。

5.5　火星的地下冰和冰冻地貌

除火星两极的冰盖之外，火星的中低纬地区还存在广泛的地下水冰。近期越来越多的证据表明有巨大水冰储库的存在，这些储藏在中高纬度土壤中的水冰也很可能为将来人类探索火星提供资源。

5.5.1 低纬度地下冰的稳定性

理论研究表明，极地沉积物在火星轨道处于高倾角时会大量损失，而这些物质将在中低纬度地区重新沉积，并且在高热惯性或高海拔地区优先沉积。学者们用全球环流模式（global circulation model）来研究火星在现有的气候条件下的气候变化（Mischna et al., 2003）。他们发现，在现有气候条件下，即使在很短的时间内，南北纬 20°~30°的地区就可以有冰的累积。如果把倾角增加到 40°，稳定的冰可以在赤道地区存在。如果倾角增加到 60°，则整个冰圈的形态会发生巨大变化。大量的冰稳定在赤道地区，形成一个“冰冻带”，而两极不再有常年稳定的冰盖。学者们还模拟出了在（赤道附近）高海拔 Tharsis 火山群的每个火山口的西北部都会存在冰的沉积。这和通过图像观测到的存在类似冰川流动构造的黏滞流的区域相符。也就是说，现在已经可以较好地模拟现代火星的气候条件。而且还知道在中纬度或是赤道附近高海拔的地方也有机会存在水冰。

根据这些观测和模拟结果，一些学者提出火星在近期可能经历了一个“冰河期”。在此期间，水冰从极地把沉积物运输到纬度 30°的地区。当纬度超过 30°时，中纬度的冰与混合的尘埃一起沉积并被移除，留下滞后沉积物。当倾角为 20°~30°时（目前的情况），纬度约高于 60°的冰是稳定的。对极地冰的稳定性分析表明，过去 500 万年可能发生了大约 40 个这样的“冰河期”。利用大气环流模式对这些过程进行模拟表明，极地冰在高倾角下只能被运输到高海拔赤道地区（如 Tharsis Montes）。后来，当倾角较低时，这些赤道沉积物将被运回中高纬度，其分布取决于倾角的大小。

5.5.2 中高纬度地区的冰冻地貌（地下冰的间接证据）

南北半球中纬度地区的平顶山附近往往出现一些舌状岩屑坡（lobate debris aprons，LDA）和线状谷底沉积（lineated valley fill，LVF）（图 5.21）。这些地貌都有着明显的黏滞流（viscous flow）的特征，包含很多岩石和土壤组成的线性构造和前端的舌状边缘，这些都和地球上的冰川类似。在图 5.21 上，地表由土壤层（岩石和土壤碎屑）构成，看不到冰的痕迹，但其地下部分很可能还是以冰为主，这样就是一个“被碎屑覆盖的冰川”。也有可能冰作为黏合物在岩石和碎屑中间，造成流动的构造，这种情况应该被称为一个“岩石冰川”。当然也可能这里所有的冰都已经升华，现在观察到的只是一个曾经的冰川的残余地貌。

采用新的高分辨率可见光图像加上地形数据，学者们可以对这些类似冰川的地貌形态进行模拟，并更好地记录水冰的全球分布、年龄和变化。火星侦察轨道器上的浅地层雷达仪器（SHARAD）获取了新的数据。SHARAD 可以在 15~25 MHz 的高频波段工作，通过雷达对地下不同界面的反射回波进行分析，可以分辨地下岩层的结构和成分，其垂

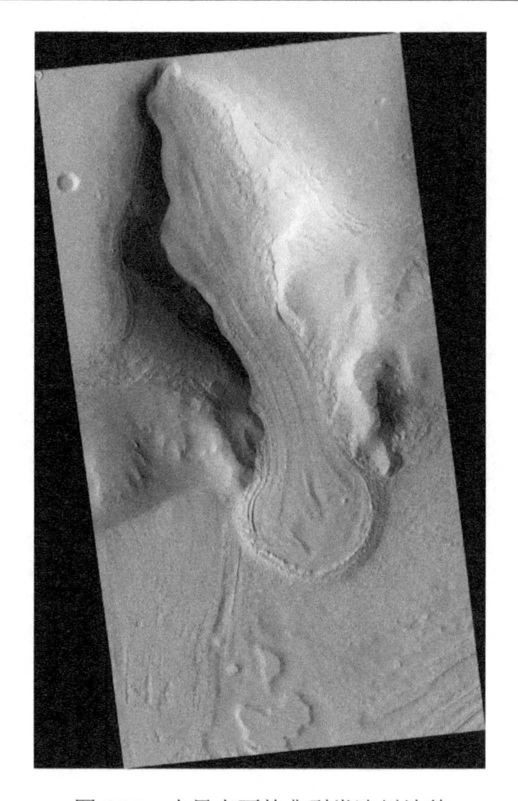

图 5.21 火星表面的典型类冰川地貌

图中峡谷自北向南，可见一片区域（可能有雪、冰和土壤混合物）向低处流动，抵达南部的平原。复杂的流线和舌状的前端边缘可以证实这片区域存在一定时间尺度的流动。这些地貌特征类似地球冰川中的“冰碛物”，即由岩石和土壤碎屑聚集成的脊状地貌，常出现在冰川边缘和顶部。图像为 HiRISE 相机拍摄，ID：ESP_018857_2225。类似的地貌在不同的地方也被称为舌状岩屑坡和线状谷底沉积

直分辨率可达 7 m，穿透能力能到地层下 1 km 深。雷达数据的解译必须能够对于所在地区的地形的反射回波进行反演，只有在探测到和雷达反射回波不同的界面的时候才能确定地下成分，而且不同的材料也可能大大影响雷达波的穿透能力。有学者在仔细研究了 SHARAD 数据之后发现，确实在许多有着 LDA 和 LVF 的地方能够探测到地下可能存在水冰的反射层，而且反射层开始的位置与 LDA 的边缘刚好吻合，证明了这些类冰川地貌确实有冰的参与。

除此之外，火星表面的很多地貌特征也和水冰有关，包括内部阶地状的撞击坑以及撞击坑中的融冰形成的小河道。还有在南极冰盖广泛分布的“多边形地貌”也同样在中纬度地区存在，类似地球上的高纬度地区的冻土地貌。这些多边形地貌具有不同的尺度，因此形成机理也很复杂。但它们的形成都需要所在地层发生体积变化，因此极寒地区的日温度变化造成热胀冷缩是其中一个可能，冰楔的形成和升华是另一种可能。总的来说，这些现象现在都被认为和冻土层或地下冰的升华有关。2001 火星奥德赛号航天器上的 γ 射线和中子能谱仪测得高纬度土壤的表层富含氢，也确认了地下有广布的水冰的间接证据（图 5.22）。因此，经过 40 年的探测，火星中高纬度地区有着广泛的地下水冰分布已

经有多方证据的支持。

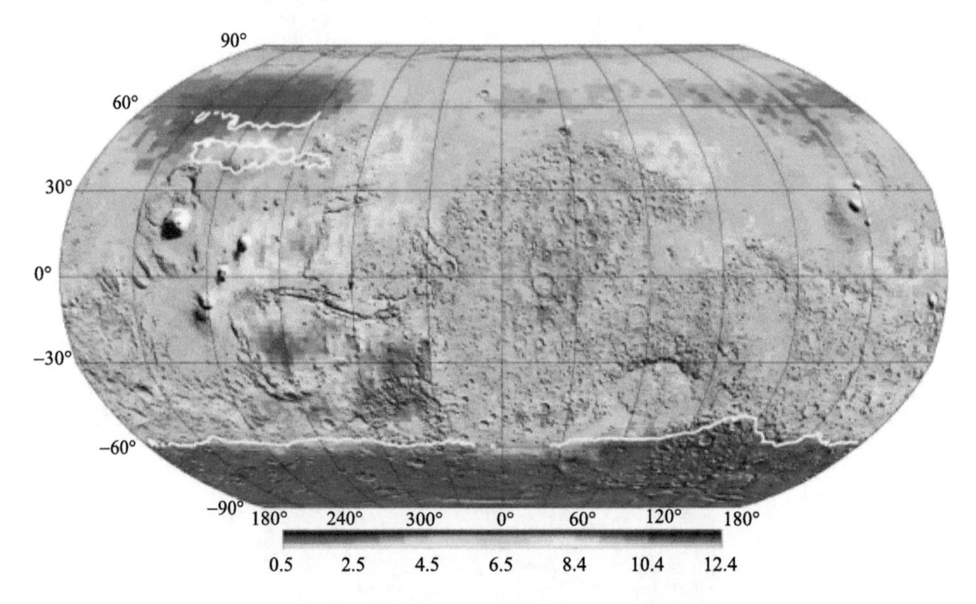

图 5.22 中子探测仪的热中子通量图（引自 Boynton et al., 2002）

低的热通量指示高氢浓度。等高线显示为以下区域的轮廓，预计水冰在 80 cm 深度处是稳定的 （因为缺乏热惯性数据其中不包括 60° 以上的纬度）

5.5.3 地下冰的直接证据

虽然关于地下水冰的讨论持续了很长时间，现在已经观测到若干中高纬度地下冰存在的更为直接的证据。其中，包括凤凰号着陆器在 68° N 附近挖掘的火星的土壤（图 5.23），从地下 3~4 cm 的地方暴露出来的雪白的水冰，在暴露之后的 4 天内升华并消失。除此之外，通过图像变化检测技术，对 HiRISE 高分辨率图像里火星上新出现的小撞击坑进行持续监控，也发现这些地表新出现的撞击坑内呈现高反照率的溅射物，而这些高反射率的溅射物同样在一段时间后消失（图 5.24，Byrne et al., 2009; Dundas et al., 2018）。根据高光谱相机采集的这部分溅射物的光谱，这些挥发物具有水冰特有的宽波段，因此其主要成分也应该是水冰。学者们可以对于这类新出现的撞击坑的位置和大小进行统计，发现冰层埋藏随着纬度降低而变深，一直到 39° N 都还有水冰被埋藏在 1 m 左右的深度。

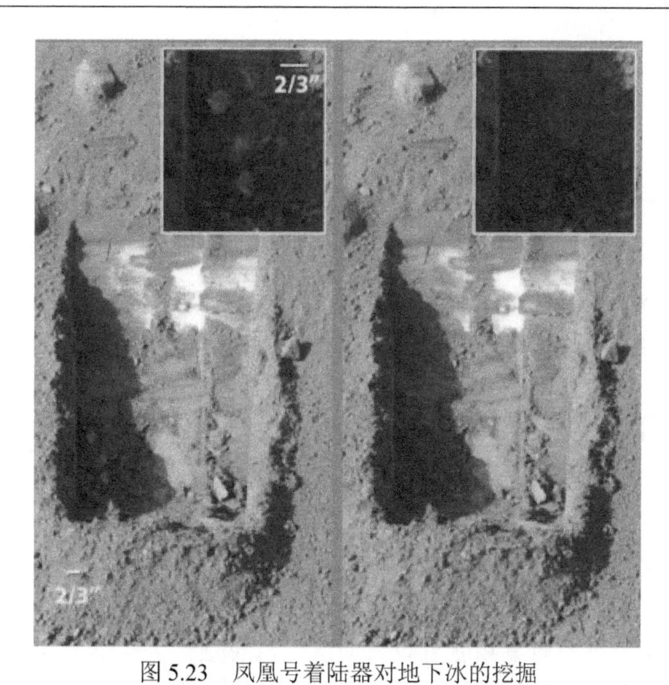

图 5.23　凤凰号着陆器对地下冰的挖掘

左图拍摄于第 20 个火星日，右图拍摄于左图拍摄的 4 天之后。可以看到 4 天内暴露的水冰区域有所变化（NASA/JPL）

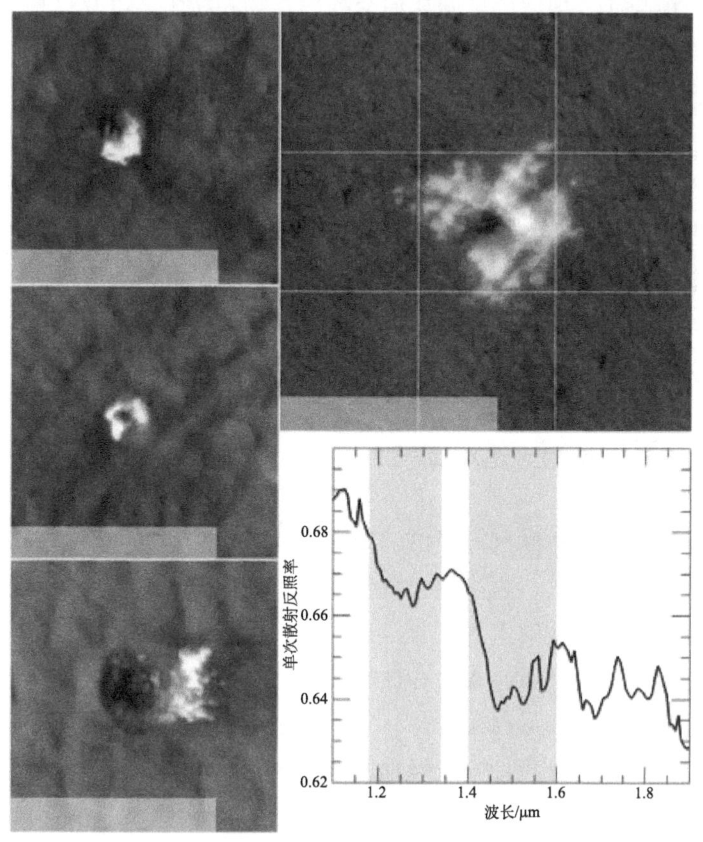

图 5.24　小型撞击坑暴露的水冰（Byrne et al., 2009）

右下角的光谱是 CRISM 数据，阴影部分显示典型的水冰特有的宽吸收对应的波段

5.6 讨论和展望

火星极地和冰冻圈的沉积过程及其与气候变化之间的关系相当复杂。高分辨率图像、雷达数据、高光谱数据及大气环流模型都将大大提高人们对于冰冻圈的认识。极地的层状沉积物通过水冰与灰尘以不同的比例混合，很好地记录了火星上气候变化历史。但对于这一沉积记录的理解还有很多工作需要做。

5.6.1 未解决的问题

在第五次火星极地科学探索大会上，学者们提出了关于火星极地研究的五个主要问题（Smith et al., 2018）：①极地层状沉积物的物理特征是什么？其内部、底部和周围的不同地质单元如何相关？②极地层状沉积物的年龄、冰期、河流、沉积和侵蚀历史是什么？③极地层状沉积物的质量和能量收支情况，以及是什么在季节和更长的时间尺度上控制这些收支？④在极地层状沉积物的地层学中，物质成分的变异性和气候变化记录表达了什么？⑤极地与非极地储层之间如何交换挥发物和粉尘，以及这种交换如何影响过去和现在的地表和次表层冰的分布？

对于这几个主要问题，学者们重点关注的一些具体问题和过程包括：南极 CO_2 冰盖被埋藏的机制、存在的时间及其稳定性；层状沉积物的层理和环境变化的对应关系；CO_2 除霜时产生蜘蛛构造的具体机制及其对环境的影响；南北两极冰盖长期积累和消亡的速率；中低纬度地下冰的分布及它们的稳定性；这些离表面非常近的水冰沉积已经存在了多久，并可以继续保存多久。在这些方向上，虽然目前研究已有了很大的进展，但对于一些关键的问题，如对层状沉积物的年龄、它们和气候的关系还不能做出很好的界定，需要新的火星探测计划加以确认。

5.6.2 未来火星极地任务的概念

为了解决这些问题，科学家们提出了很多可能的实验。其中包括最简单的测量极地表面及其上空的温度、压力、风速等大气参数，具体限定日照对于极地冰层和大气对流的影响。火星表面其他地区的大气参数，也对更好地限定大气模型有很大帮助。除此之外，近地表的地下冰层的分布、成分和性质可以通过新的雷达仪器和持续的监控地表过程进一步限定。而最重要和最直接的是，对于极地垂直地层中层状沉积物的不同组成进行原位采样，通过成分分析直接判断极地层状沉积物的组成和沉积过程。虽然这些探测计划还不可能马上进行，但这是火星极地科学家最想要开展的工作。除此之外，基于火星环境的针对水冰和 CO_2 冰盖性质的实验研究、与地球冰冻圈的对比研究，以及针对火星条件下的水冰流变学研究、冰盖的模拟研究等都将为火星冰冻圈乃至火星气候演化的历史提供新的认识。

5.6.3 小结

通过对火星极地和冰冻圈的不断探索，对于火星冰冻圈的认识已有了极大的进展，其中包括确定了层状沉积物的主要组成，一定程度上界定了极地层状沉积物的灰尘含量。还更全面地认识到了极地永久水冰和 CO_2 冰盖的分布特征以及中纬度地下水冰的分布。通过模拟研究认识到极地层状沉积物不是永久性的，可能形成于最近几个百万年之内。对火星冰冻圈的认识为人类未来在火星上的活动提供了所需要的关键知识。

思 考 题

1. 火星冰冻圈与地球冰冻圈有哪些关键的不同点？
2. 火星两极冰盖的主要组成成分是什么？
3. 火星两极冰盖的季节变化与大气是如何耦合在一起的？
4. 未来人类登陆火星时，如何利用火星的水资源？

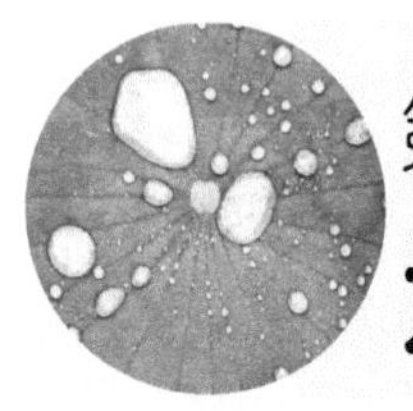

第6章 太阳系其他星体冰冻圈

第 5 章集中介绍了火星冰冻圈的知识。关于火星冰冻圈，一个最基本的概念是，火星冰冻圈已经不仅仅局限于水的冰冻圈范畴，冰冻圈的概念延伸到了干冰。本章将介绍太阳系内其他星体的冰冻圈，将冰冻圈的概念扩展到更大的范围。对于太阳系内围的星体，如水星、地球、火星和月球，其冰冻圈都仅限于星体的有限范围。相对而言，在太阳系的外围，冰冻圈可以全球覆盖，水冰甚至可以成为星体的主要组成成分，其他易挥发组分也可以在这些星体上冻结，这些将大大地扩展冰冻圈的外延。例如，木卫二至木卫四以及土星的卫星表面都有全球性的水冰存在，这些水冰构成这些卫星的壳层；天王星和海王星的密度仅为 1.2 g/m^3 和 1.7 g/m^3，学者认为，在它们的大气层下方有一层很厚的在高温高压下的水、氨和甲烷冰层；海卫一（Triton）和冥王星表面有氮冰和甲烷冰信号，冥王星还有水冰、氮冰和一氧化碳冰（Grasset et al., 2017）。因此，就整个太阳系来说，冰冻圈的概念是丰富多彩的，而不是仅限于类似地球那样的水冰冰冻圈。

水在太阳系中并不少见，尤其是在雪线（约 2.7 AU）之外的天体中。这些天体的辐射平衡温度在约 150 K 以下，它们在形成之初，往往能够积累多达接近自身质量一半的水分。即使它们没有大气层，水冰也能在地质时间尺度上保持稳定状态，以冰或地下海洋的形式保存至今。同时，它们的表面冰层也是其星体的壳层（Grasset et al., 2017）。在这些天体中，冰冻圈和水圈总厚度可达数百千米。值得一提的是，水的良好溶解能力也表现在其固态冰上。目前，已发现的水冰常常与矿物盐混合，形成水合物。水冰表面常常覆盖有甲烷冰、干冰、氮冰等易挥发冰以及光化学反应生成的碳氢化合物。

对于行星冰冻圈的研究，既包括对各种成分冰和混合物的基本物理化学性质的理论和实验研究，也包括行星演化、构造模型以及气候、冰冻圈数值模拟。在关键问题上，还需要飞船的实地观测乃至样品返回来证实。对于水冰的研究在过去一个世纪里有很大的进展，但很多是在地球表面室温和室压条件下进行的，低温和高压的实验室数据仍然不够。近几十年来，随着对外太阳系星体了解的逐渐深入，对氮冰、甲烷冰、一氧化碳和干冰及其冰冻圈等的物理、化学特性的研究显得相对滞后，特别是在特殊温度和压力条件下，而且对这些物质的流变性质的测量，目前才开始走向定量的实验室测量，以缩小误差范围。

对太阳系不同星体冰冻圈的研究不仅有助于了解这些星体本身的形成和演变，也有助于更好地认识太阳系的演化，还有助于拓展和研究生命宜居性的存在可能。过去的 20 年里，飞往土星系统的卡西尼-惠更斯号探测器和飞往木星系统的伽利略号探测器给予我们许多关于冰卫星的观测数据。此外，信使号探测器对水星的观测、新视野号探测器对冥王星及其卫星的观测、黎明号探测器对谷神星的观测及罗塞塔号探测器对彗星的探测也为研究太阳系远近两端的冰层提供了宝贵数据。我国的“嫦娥”系列探测器对月球的实地探测也极大地丰富了我们对月球冰冻圈的知识。目前，正在木星轨道的朱诺号探测器和即将在未来 10 年内发射的 Europa Clipper 与 JUICE 将对木星的卫星进行更多维度的密集观测。这些将进一步加深我们对太阳系冰冻圈的认识。

6.1　水星和月球

水星和月球有许多相似之处。它们大小相仿（半径分别为 2400 km 和 1700 km），均由于引力太小而无法维持显著的大气层。它们的表面气压极低，分别约为 0.5×10^{-9} Pa 和 $10^{-10}\sim10^{-7}$ Pa。由于缺乏大气热量输送，它们的昼夜温差远远超过我们熟悉的地球昼夜温差。由于缺少大气，二者表面大部分区域的裸露水冰（如果存在的话）在温度较高时能够很快升华并逃逸。关于它们表面是否存在水冰的争论持续了整个 20 世纪。直到最近几年，几个环绕探测器才提供了越来越多的证据。目前，差不多可以肯定，水星和月球表面部分区域有冰的存在。

6.1.1　水星

水星的自转轴倾角只有 0.03°，太阳光常年直射赤道，赤道地区的地表温度在昼间可达 700 K，但在夜间可低于 100 K。值得一提的是，两极区域的太阳高度角很低，极区的陨石坑内一部分区域常年处在阴影之下，接收不到阳光，最低温度可低至 100 K 以下，为水冰的存在提供了可能（图 6.1）。有估计表明，虽然水星是八大行星中最接近太阳的行星，它仍有可能在极地陨石坑内保持 $2\times10^{16}\sim2\times10^{18}$ g 的水冰储量。

1991 年科学家使用 70 m 的 Goldstone 天线发射 3.5 cm 波长的无线电波至水星，并利用甚大天线阵（VLA）26 个天线接收其反射波。结果显示，水星北极地区反射率高于其他区域。同时，其回波的去极化比远远超出岩石行星的常见值。水冰恰恰是行星上最为常见的能够产生这两种现象的物质。其后，地基望远镜在 12.6 cm 和 70 cm 的波段也观测到了相似的信号。考虑到冰层至少需要数倍于无线电波的波长才能产生这样的后向散射，70 cm 波段的观测结果意味着如果这一反射物质确实是水冰，其厚度将至少是米量级。前些年发射的信使号（Messenger）飞船在环绕水星轨道上，通过中子光谱仪确认

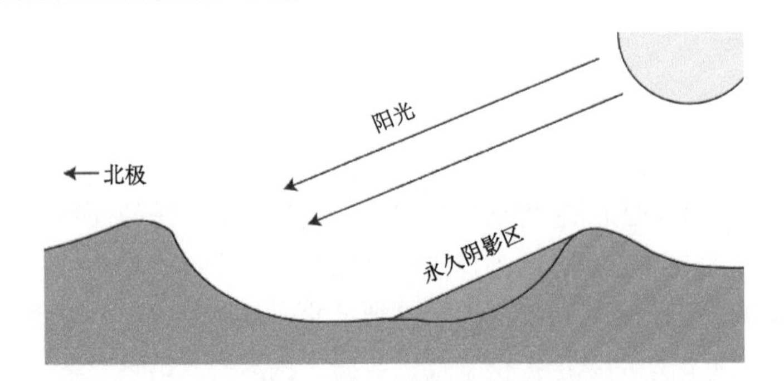

图 6.1 水星极地永久阴影区示意图（Deutsch et al., 2017）

了接近等效于 100%水冰的氢的存在，这间接地确定了水冰的存在。成像相机照片和热力学模式也分别证实几乎所有的雷达亮区都对应着水星极区永久性的阴影，并对应着水星表面最低温度的区域。通过对中子光谱仪结果的进一步研究，极区这些在阴影中零散分布的水冰总面积为 12500~14600 km^2。在水冰的表面上可能覆盖着数十厘米厚能够隔热的硫或者含硅的尘土。一些估计表明，处在阴影处的几十米厚的水冰在这些隔热物质的保护下能够在水星表面稳定存在 10 亿年以上。利用数值模式对陨石坑的进一步研究显示，冰层的厚度上限约为 150 m（Eke et al., 2017）。最近，一些对信使号搭载的激光雷达数据的深入分析则指出，水星极区的冰可能不仅仅局限于水平尺度较大的陨石坑中，在陨石坑外一些地形起伏的区域也可能形成小型的冷区并积累有表面未被尘土覆盖的水冰（Deutsch et al., 2017）。虽然水星极区几米乃至几十米厚的水冰比火星极区冰盖薄得多，但在如此接近太阳的范围内，能够找到“干净”的水冰确实出乎意料，这大大地改变了我们对冰冻圈存在条件的认识，说明过去一些过于简化的模型是不正确的。

由于水星位于太阳系雪线之内，水星上水冰的来源成为一个谜团。它不可能在太阳系形成之初就具有。因此，目前一种主流的观点推测，这些水冰可能来源于形成后彗星和小行星撞击，撞击后产生的水蒸气有 5%~15%被寒冷的极区捕获，沉降在地面形成数米乃至几十米厚的冰层。另一种观点则认为，这些水冰可能来自水星地壳向外逃逸的水蒸气，在极区凝结成冰。

6.1.2 月球

月球的自转轴倾角也很小，约为 1.5°，其两极地区各有约 30000 km^2 的面积常年处在阴影中。1961 年加州理工学院的研究人员第一次提出在月球极区的陨石坑中可能存在水冰，其后美国的“阿波罗号”飞船和苏联的“月球 24 号”探测器均在月球表面发现了比例较低的水的存在。2008 年印度宇航局发射的 Chandrayaan–1 月球探测器和 2009 年美国宇航局发射的月球勘测轨道飞行器（LRO）通过各自搭载的合成孔径成像雷达，在月球南北极的陨石坑中发现了大面积水冰存在的有力证据。

除与 Chandrayaan-1 相似的 12.6 cm（S 波段）雷达外，月球勘测轨道飞行器还配备了 4.2 cm（X 波段）雷达，其最高分辨率可达 30 m。这两种雷达向月球表面发射不同波长的无线电波，并测量回波的强度和圆偏振比。在对月球两极地区的观测中，科学家发现了两种有着较高圆偏振比（CPR > 1.0）的陨石坑。这对应着两种主要的可能性：大范围存在的与雷达波长量级相当的地表粗糙结构或被水冰覆盖的地表。对于 Main L 这类可能刚形成不久的陨石坑，撞击后产生的高温和强大冲击力融化了一部分月壳物质，并将其抛射出去，导致在陨石坑环形山内和环形山向外延伸约一倍于陨石坑半径的区域均被粗糙的颗粒状岩石所覆盖。如图 6.2 所示，Main L 的高圆偏振比数值恰好延伸到环形山外一倍于陨石坑半径左右的地方，这与过去的观测和数值试验中得到的撞击后抛射距离相符。对于年龄较长的陨石坑，它们在撞击后遗留的粗糙表面逐渐被风化层覆盖，同时太空中的微型陨石也逐渐将大颗粒研磨成细小颗粒，因此无论是在环形山内还是外都将呈现出相似的较低圆偏振比。水星极区之外的老陨石坑大多呈现出这样的特点。但在极区内，有一部分陨石坑却和 Rozhdestvensky N 类似，它们只在环形山内的凹坑中可见较高的圆偏振比，外部却较低。另外，其高值到低值的分界线泾渭分明，正好处在环形山处，与抛射物在陨石坑外围随距离逐渐衰减的理论模型和实际观测不符。这些陨石坑被认为在其中心凹坑处积累了水冰。由于水冰的反射特点，雷达接收到的回波呈现很高的

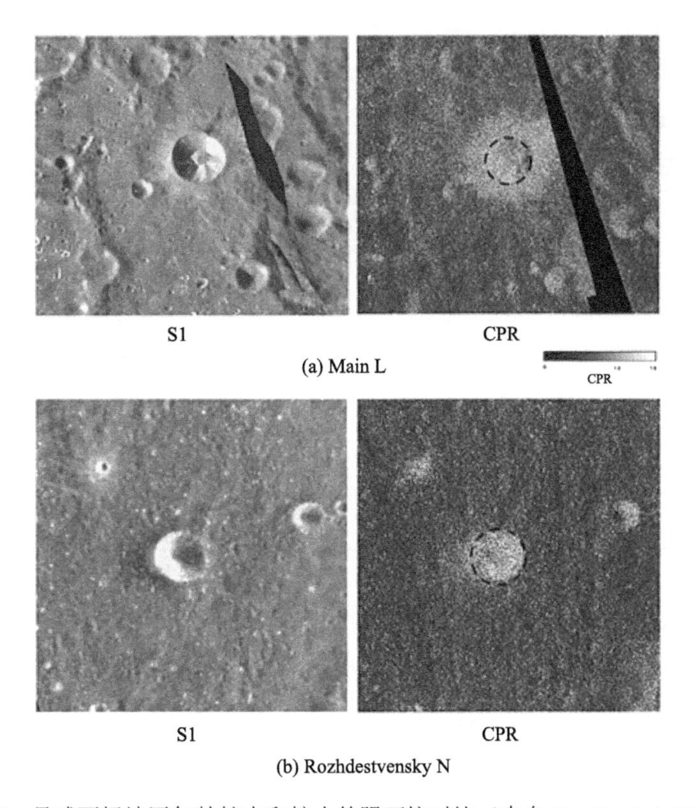

图 6.2　月球两极地区年龄较大和较小的陨石坑对比（来自 Spudis et al., 2013）

圆偏振比。雷达结果还显示，月球极地在阴影中零散分布的水冰厚度为10~20 m，北极表面纯净的水冰质量约为 6×10^{11} kg（未计入其他区域可能存在于风化层中较低含量的水冰）（Spudis et al., 2013）。

1998年发射的“月球勘探者号”，也通过中子光谱仪在月球南北极发现了超过全球平均值约1000倍的氢元素含量。根据模拟结果，认为氢元素信号来自这些有着阴影的陨石坑，而且氢元素的高值所在之处和圆偏振比信号的高值较为吻合，支持了月球极地存在水冰的观点。

关于月球上水冰的来源主要有三种假说：①从形成之初就存在于月壳中；②彗星、陨石撞击后留下的；③太阳风中质子和月球矿物中的氧元素反应后产生的。目前测得的月球两极水冰储量较水星低，这可能和月球受到的彗星和陨石撞击较少有关，也可能与月球引力较低所以更难保留住表面的水冰有关。即使如此，在月球两极地区发现的纯净水冰对于评估月球长期的宜居性有重要影响。

6.2 木星的冰卫星

木星位于太阳系雪线外围，水冰可以在表面稳定地存在。因此，木星及木星轨道以外行星的冰冻圈发育也更为丰富。木卫一至木卫四大小接近（表6.1），均由伽利略于1610年发现，所以它们又称伽利略卫星。其中，木卫二、木卫三和木卫四的表面都被水冰所覆盖，形成这些卫星的壳层。这与地球的壳层是由岩石物质所构成的非常不同。在这些卫星的水冰壳层之下，甚至被认为可能存在液态海洋（Schenk et al., 2004）。液态水是生命存在的首要条件，这一发现至关重要。

表6.1 木卫一至木卫四的几何参数

卫星	平均半径/km	平均密度/（g/m^3）	几何反照率
木卫一	1818.1 ± 0.1	3.518~3.549（不同方法得到的半径不统一）	0.63 ± 0.02
木卫二	1560.7 ± 0.7	3.014	0.67 ± 0.03
木卫三	2634.1 ± 0.3	1.936	0.43 ± 0.02
木卫四	2408.4 ± 0.3	1.839	0.17 ± 0.02

早在1972年，人们就利用地基望远镜在红外波段观测到了木卫二和木卫三强烈的水汽吸收谱特征，这就是水冰的信号。但木卫一没有这样的信号，木卫四只有较为微弱的信号。木卫一、木卫二和木卫三处在4∶2∶1的轨道共振状态，它们的轨道偏心率造成了它们之间的相互潮汐作用。同时，木星巨大的质量也对其卫星有很大的潮汐影响。据估计，木星对木卫二的作用大约是地球对月亮的1000倍。强大的潮汐力为这些卫星提供

了内部地质活动需要的能量。另外，卫星轨道之间的共振状态又被潮汐耗散率所控制，因而这些冰卫星的地质活动及其冰冻圈的演化也与它们的轨道密切相关（Showman and Malhotra, 1999）。

6.2.1 木卫二

早在 20 世纪 70 年代发射的旅行者号在飞越木星系统时拍下了大量关于木星及其卫星的照片，分辨率为每像素 15 km 和 1.8 km。这些照片显示，木卫二的水冰表面布满了纵横交错的裂纹，裂纹的中心较低（图 6.3），两侧形成山脊（Smith et al., 1979）。通过陨石坑数量估算，木卫二的表面年龄约为 1000 万年。对于这些山脊的成因有多种解释，其中一种解释认为这是木星的潮汐作用使得冰沿着裂缝相互挤压后隆起，另一种解释则认为这些山脊与地球海洋中的洋中脊类似，是从裂缝中上升的液体凝结而形成的（Showman and Malhotra, 1999）。在木卫二上，约占表面积四分之一的地区密布着数千米量级的破碎多边形表面，显示出潮汐作用和液体流动的痕迹，被命名为混乱平原（Chaos Terrain）。混乱平原等较为年轻的地表和山脊所在的区域都被暗红色物质所覆盖。光谱分析表明这些红色区域的无机盐数量较多，可能是大量液态水蒸发后遗留的产物。红颜色的来源则仍有争议，可能是含硫的化合物或者托林（tholins，由紫外线或者宇宙射线照射后产生的有机化合物，在冥王星和冥卫一的冰层上也有分布）。尽管木卫二的表面看似支离破碎，伽利略号探测器的高分辨率照片显示其表面总体仍然较为平坦，即使在山丘和裂纹处高度差也仅在几百米之内。此外，伽利略号的磁力计则发现了奇怪的磁场，其

图 6.3　木卫二的水冰表面和纵横交错的红色裂纹

资料来源：NASA PIA19048

磁偶极子倾斜于木卫二的自转轴且有一个随木星磁场变化的分量，说明该磁场不是由木卫二核心的发电机产生的，而是由其地表下的含盐海洋产生的。伽利略号探测器的红外光谱仪在木卫二的表面还发现了盐的水合物，这些水合物可能是由地下海洋喷发后留下来的，也有可能是在冰层对流中被带到表面的。根据重力场的测量结果判断，木卫二内部经历过分异过程，外圈是 100~200 km 的冰（或水）(Anderson er al., 1997)。

以上这些证据，加上对木卫二、木卫一、木卫三潮汐作用放热的估计，都表明木卫二的水冰壳层下可能存在一个较深的海洋（McKinnon et al., 2009)。因为液态水是生命所必需的，存在液态海洋的猜测引发了许多关于木卫二能否孕育生命的讨论，这也使得木卫二成为美国宇航局的重点探测目标之一。NASA 预计将于 2022~2024 年发射 Europa Clipper 号探测器，搭载红外光谱仪、成像相机、磁强计和穿地雷达等仪器，对木卫二进行数年的环绕观测。这些观测有望确定冰层的厚度、成分和流变性质，解答其是否进行着固态对流运动，也有望对海洋的成分进行更准确的估计，了解海洋与木卫二表面是否存在物质交换，并进一步推测它是否适宜生命存在。

伽利略号探测器的观测显示，木卫二表面的水冰颗粒大小受木星磁层的离子撞击所控制，朝向木星一侧的颗粒达到 1 mm。由于冰的蠕变性质对于颗粒大小极为敏感（Durham et al., 2010)，这一发现对于估算其表面水冰的黏度有很大的参考价值。同时，离子撞击也可能减少表层的水冰，从而增加不活跃的硅酸盐和其他非水冰成分，导致其表面反照率下降。

6.2.2 木卫三和木卫四

木卫三是太阳系中最大的卫星，直径超过水星和冥王星。木卫三约 40%的表面颜色较暗，陨石坑密布，年龄较长。其余部分的反照率稍高，陨石坑较少，并呈现出密集的构造变化特征，意味着在撞击过程后，这些平原经历了强烈的地质活动，表面较年轻。伽利略号探测器的多个红外波段观测在木卫三上都发现了强烈的水冰吸收谱线，其表面水冰含量为 50%~90%，明亮的区域水冰比例较暗色区域高。木卫三表面也存在二氧化碳和二氧化硫，还可能存在氰（HCN）、硫酸和有机化合物。对陨石坑的形态分析表明，木卫三表面的流变性质与水冰主导的假设吻合。硫酸镁的发现及 2015 年哈勃望远镜观测到的极光变化均支持木卫三在冰壳层下也拥有液态海洋的猜测。木卫三的表面反照率很不对称，朝向绕木星公转轨道的一面较其背向的一面亮，这与木卫二的情况相似，但与木卫四的情况相反。

木卫三的陨石坑几乎没有出现富集干冰的情况，这与木卫四不同。欧洲太空署的木星冰卫星探测器（JUICE）预计将于 2022 年发射，计划在利用地球、金星和火星共进行 6 次重力加速后于 2031 年到达木星系统，并在飞越三个伽利略冰卫星后进入环绕木卫三的轨道，对其海洋的性质、大小和冰层厚度进行观测，并对其地形和冰层成分进行测绘，揭示海洋、冰冻圈和表面成分的相互作用。在此之前，所有对于冰卫星的观测都局限于表层冰壳层，JUICE 的穿冰雷达也将帮助我们了解深层冰壳和表层冰壳的差异及冰壳的演化历史。

与木卫二和木卫三不同，木卫四水冰表面较暗，显示出较高的陨石坑密度，其表面年龄可能在 10 亿年以上（图 6.4）。这意味着木卫四是四个伽利略卫星中表面最老的，其地质活动也是最不活跃的（Bagenal et al., 2006），深层很可能缺少较强的动力学过程，有利于研究木星系统早期的历史。根据伽利略号照片中陨石坑的形态估计，木卫四最上面的 10 km 表层主要成分均是水冰。有研究揭示，木卫四有极其稀薄的 CO_2 大气层，这与其表面的干冰升华有关。干冰升华对地形的消弭也有重要作用（Coustenis et al., 2010）。

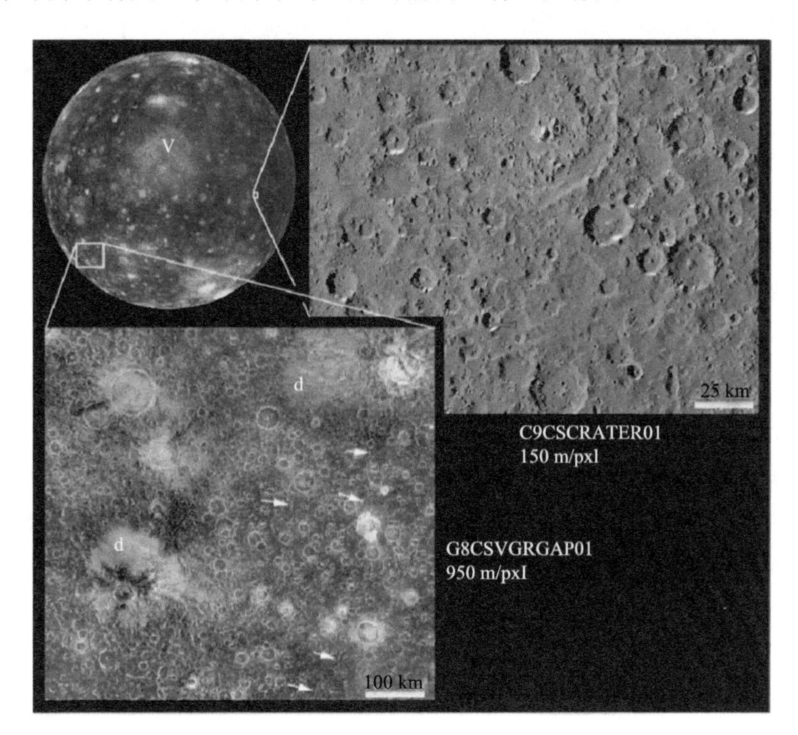

图 6.4　伽利略号拍摄的木卫四表面（Grasset et al., 2017）

V 代表 Valhalla 陨石坑，是太阳系中已知的最大的多重环形山结构陨石坑，箭头指向残留的多重环形山（连接右侧四个箭头处隐约可见，左侧箭头指向另一环，曲率半径大于图片宽度）

6.3　土星的冰卫星

与木星的卫星类似，土星的冰卫星也基本由水冰组成，它们的直径为 20~5100 km。土星的冰冻圈范围很广，前文提到过，土星美丽的光环主要是由水冰组成的微小星体。旅行者号的照片显示，除土卫二之外，土卫一、土卫三、土卫四、土卫五的表面均有大量陨石坑。这说明它们的表面年龄较长，地质活动相对不活跃。但卡西尼号较高分辨率和全球覆盖的照片仍显示了不同程度的地质活动，包括土卫一直线形的凹槽、土卫三和土卫五的地堑带，以及土卫四频繁出现的构造活动（Dougherty et al., 2009）。土星冰卫星的地表热惯性比木星的伽利略卫星少一半以上，这可能意味着土星卫星的表面更加疏松多孔，无论是由温度较低，冰的流动性较差所致，还是由它们的表面不断被土星环疏松的物质覆盖所致。这可能是太阳系中唯二的星体间存在明显物质交换的例子（另一对是冥王星及其卫星冥卫一）。同时土卫二和土卫六的海洋在地质活动和成分上都是很独特的。

6.3.1 土卫二

土卫二的直径比较小，只有 504 km，这意味着其形成之初内部的热量将很快散发。土卫二的密度约为 1600 kg/m^3，对应着约 60%的岩石和 40%的水冰。其表层被红外光谱分析证实是水冰，低纬度地区昼夜温度分别约为 80 K 和 50 K。由于质量太小，土卫二没有大气层。在卡西尼号探测器揭开其真面目之前，很多人都认为土卫二将是一个死气沉沉的冰球。但也有人根据其极高的 80%反照率推测应当有地质活动更新其表面。实际上，它所展现出的活跃地质活动远远超出我们的想象。土卫二上有一条密集陨石坑的“长廊”，从表面的土星星下点经过北极延伸到背面的反星下点，年龄为 10 亿~40 亿年。其上面的大部分陨石坑都较浅，这应当是由水冰黏性流动和南极喷泉喷发物覆盖导致的。而其他一些较为年轻的表面的地表年龄则低至 1000 万年。

土卫二南极区域的地貌非常年轻，几乎见不到陨石坑的痕迹。在主要为水冰的地表上，四条接近平行的裂纹（又称 tiger stripe 或“老虎纹”，图 6.5）喷发出由水蒸气、冰粒和其他气体组成的喷泉，速度可达 5~8 马赫，直达数百千米的高空。喷发物中约有 9%的物质在土星的引力作用下形成了壮观的土星环的一部分（E 环，图 6.6）（Spencer and Nimmo, 2013）。

卡西尼号飞船曾多次穿越这些喷泉，并测得固态成分主要是水冰，气态成分主要是水汽，还含有 5% CO_2、1%甲烷、1%氨及少量较重的碳氢和有机化合物。研究显示，这些水汽可能是老虎纹打开时，地下海洋的液面与接近真空的表面接触后出现沸腾现象，压力增大后所喷出的（Nakajima and Ingersoll, 2016）。据估计，平均每秒约有 200 kg 的水汽被注入土星的磁层，取决于其形态和疏松程度，反演计算出的水冰喷发量最高可达 50 kg/s。固态成分中还包含了约 1%的盐（以氯化钠为主），这意味着这些喷发的冰粒最可能是地下含盐的海洋在喷发时遇冷冻结所形成的，而非由水汽凝结而来。钠的存在表明，地下的海洋与土卫二的岩石内核相接触。长期的观察还显示这些喷泉随着土卫二环绕土星轨道位置的不同（一年中的不同时刻）而变化，同时年与年之间也有显著差异（图 6.7）。当土卫二运行到距离土星最近处时，喷泉的亮度是在距离土星最远处时亮度的 4~5 倍。2005~2015 年同一个轨道位置的喷泉亮度约下降了 50%，直到 2017 年再次反弹到一个较高的水平。前者可能与土星对土卫二的潮汐力在近土点和远土点对老虎纹分别表现为压缩和拉伸两种不同作用、冰层的黏弹性运动和超音速的喷泉气体自身运动规律有关，而后者则没有定论。

图 6.5　卡西尼号飞船拍摄的土卫二伪色图

照片中心约为 195°W，40°S。图中右上方可见较为密集的陨石坑，下方四条平行的淡蓝色条纹是南极区域的“老虎斑”，也是“喷泉”喷发的位置

资料来源：　NASA PIA07800

(a)

(b)

图 6.6　土卫二的喷泉与土星环

（a）南极老虎纹所喷出的气体和固体喷泉（资料来源： NASA PIA11688）；（b）卡西尼号飞船于 2006 年拍摄的土卫二和土星环照片（修改自 NASA PIA08321）

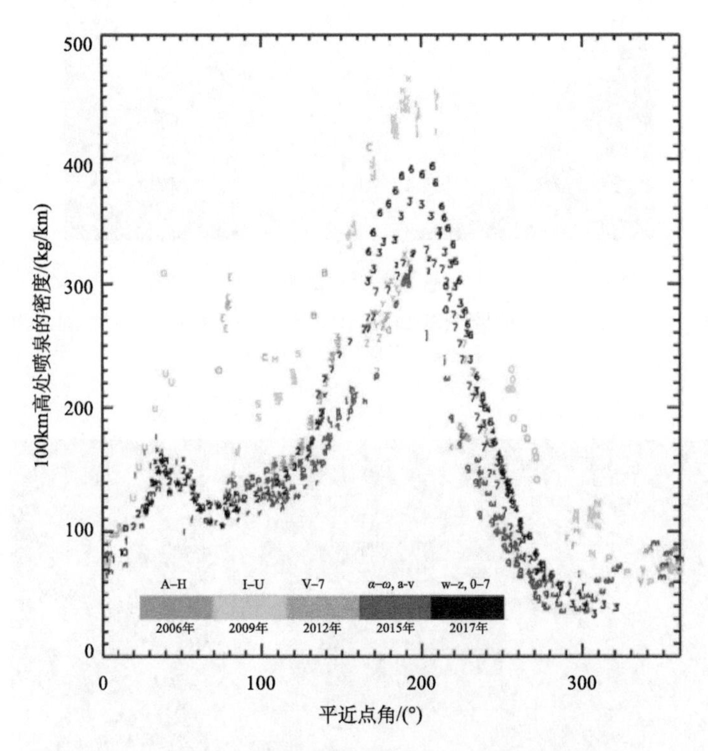

图 6.7　土卫二的喷泉强度随轨道位置和时间的变化

每种颜色代表一段时间内的观测数据（修改自 Ingersoll et al., 2019）

平近点角（mean anomaly）是轨道上的物体（土卫二）在辅助圆上相对于中心点（土星）的运行角度

光谱仪的成像结果还显示，土卫二表面上水冰的颗粒在南极老虎纹附近最大，除水冰外表面有少量干冰和 H_2O 或者分子量较小的有机物以外，可能还有氨。土卫二地下海洋和喷泉的能量被认为主要来源于与土卫四 2∶1 轨道共振所引发的潮汐作用。潮汐加热作用和土卫二的轨道偏心率密切相关，对于孤立的卫星而言，潮汐作用的损耗会很快减小其轨道偏心率；但卫星与其他卫星的轨道共振能够增大偏心率从而维持潮汐作用（Spencer and Nimmo, 2013）。

地球生命所必需的三大条件包括生命所需的元素（碳、氢、氧、氮、磷、硫）、液态水和化学能来源（氧化还原梯度）。前两者几乎都能在土卫二上找到，后者则可能通过水与岩石界面的蛇纹石化作用（serpentinization）或者喷泉喷发时海洋中还原性物质与大气或地面在光解过程中留下的氧化性物质反应获得，这使得土卫二成为天体生物学研究，特别是研究和寻找生命起源的一个重要目标。土卫二丰富的地质过程和可能存在的孕育生命的条件向我们展示了除传统宜居带外（Kasting et al., 1993），外太阳系冰雪世界巨大的宜居潜力。

6.3.2 土卫六

土卫六又称泰坦，于 1655 年被荷兰天文学家惠更斯发现。卡西尼号飞船向泰坦所投放的惠更斯号探测器便是以他命名。土卫六的平均半径为 2576 km，体积超过水星，是土星最大的卫星。土卫六被土星潮汐锁相，因而自转和公转周期均约为 16 d。土卫六是太阳系中唯一拥有浓密大气的卫星，表面大气压力约为地球的 1.5 倍。1980 年旅行者一号飞越土卫六，通过掩星观测确定了大气层厚度，发现大气成分以氮气为主，并有少量的甲烷（1%~5%）。土卫六的赤道附近表面温度约为 94 K，水的饱和气压极低，因此大气中几乎没有水汽。土卫六的平均密度约为 1.88×10^3 kg/m^3，根据内部构造模型的模拟，土卫六经历了部分分异，有 35%~45%是水（冰），集中在外层，其余部分主要是岩石，主要聚集在中心。

卡西尼号飞船所投放的惠更斯号探测器在着陆前的 3 h 内发回了大量有关大气成分和风速的测量，同时提供了清晰的着陆点的照片。从照片中可以看到，土卫六表面呈现棕黄色，这应当是水冰和甲烷光化学反应中产生的有机物混合后的状态，图中的鹅卵石形状的物质直径为 10~15 cm（图 6.8），可能是包裹了碳氢化合物的水冰。

土卫六大气中的甲烷和氮气在太阳光的作用下发生不可逆化学反应，生成高阶碳氢化合物和腈类物质，进而形成有机气溶胶颗粒，使得土卫六被浑浊的气溶胶所笼罩。值得一提的是，甲烷光解反应的时间尺度仅为 1000 万年，如果大气中的甲烷一直保持当前的含量，反应后生成的碳氢化合物海洋将能够覆盖全球达 1 km 厚。这说明土卫六应当有一个储量巨大的甲烷来源，不断补充光化学反应的消耗，同时还应当有一个碳氢化合物的汇。与冥王星的氮冰火山相似，甲烷冰火山被认为是一种可能的来源。卡西尼号飞船观察到了一些可能的火山喷发地点，但由于土卫六大气层中厚密的雾霾，光学相机对其表面的观测能力有限。目前，对其冰火山的寻找主要依靠雷达和红外波段的光谱仪，冰火山存在与否至今仍然有争议（Lopes et al., 2013）。甲烷光化学产物的去向同样存在争议。由于土卫六大气层中浓密的雾霾，早期的地基设备难以对其表面进行有效观察。直到卡西尼号飞船到达的前一年，地基雷达观测发现其表面大多数地区呈现漫反射的特点，与全球性海洋的假设不符。然而，雷达探测发现的液态碳氢化合物虽然没能形成全球性海洋，但在其表面的一定区域存在。

图 6.8 惠更斯号探测器着陆点照片（Keller et al., 2008）

彩色线段代表右侧色标中的冰块大小，两个红色箭头代表可能的河流痕迹

在多次飞跃土卫六后，卡西尼号飞船搭载的雷达最终揭开了这一谜团（Stofan et al., 2007）。雷达提供了一张最高分辨率达每像素 0.3 km 的拼图，展示了在 50°N 以北存在的一系列充满碳氢化合物的湖和海（图 6.9）。这些碳氢化合物的湖和海组成成分以甲烷为主，又被称为甲烷湖。它们的面积各不相同，小的不到 10 km^3，最大的克拉肯海达到 50 万 km^3，呈现出极弱的雷达回波信号，与周围区域形成鲜明对比。目前土卫六是地球之外唯一已知的，表面稳定存在大面积液体的天体。甲烷在土卫六的角色与水在地球上的作用相似，甲烷湖的存在维持了大气层中的甲烷含量，同时产生了甲烷云；地面有纵横交错的河流痕迹，表明土卫六上可能有间断发生的液态甲烷沉降。通过对雷达测高数据的分析，（在 50 m 误差范围内）3 个面积总和超过土卫六表面液态区域总面积 80% 的甲烷海都有着相同的海面高度，而 3 个较小的湖的湖面高度则高出几百米。这意味着三个大的甲烷海可能是相互连接的，而面积较小的甲烷湖则未必与它们相通。雷达还测得丽姬亚海（Ligeia Mare）的海底最深处约 200 m，总容积约为地球上密歇根湖的 2.8 倍（图 6.10）（Hayes, 2016）。

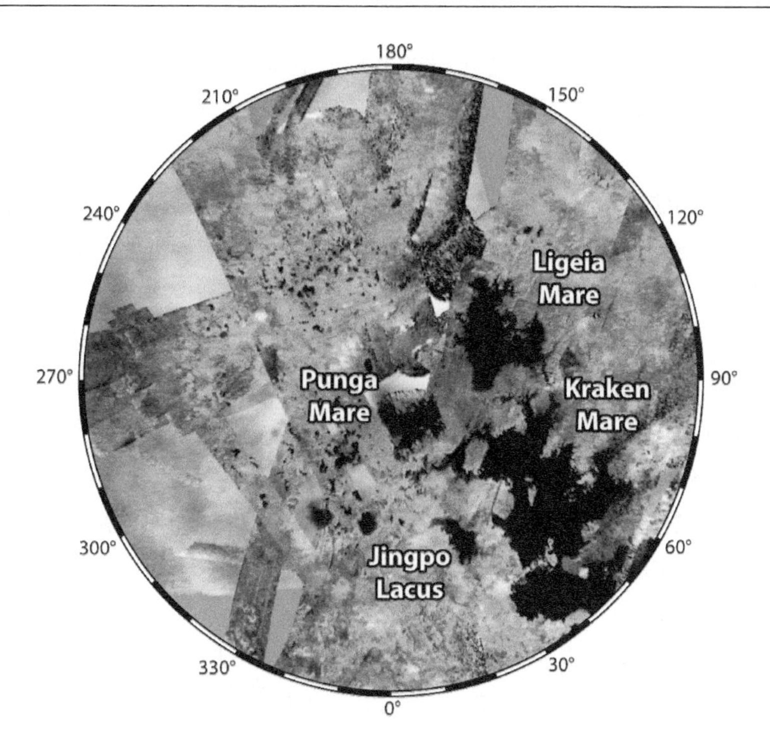

图 6.9　土卫六北极地区甲烷海、湖的分布（Hayes，2016）

伪色图，黑色部分为甲烷海、湖

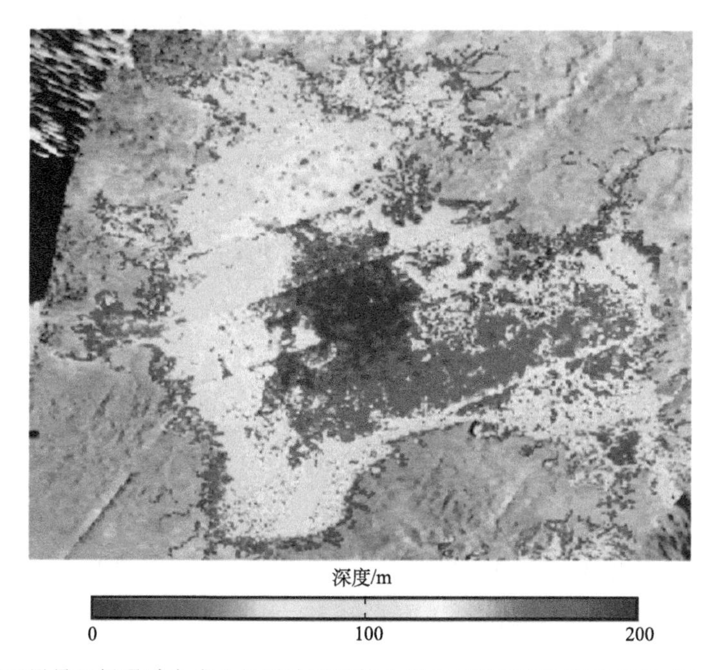

图 6.10　卡西尼号飞船通过合成孔径雷达测得的土卫六丽姬亚海的海盆深度（Hayes，2016）

此外，卡西尼号飞船搭载的雷达和相机也对土卫六的表面进行了观测，并发现了 295 个可能的干涸湖床。两极地区的湖面面积有着显著差异，其中 55°N~90°N 约有 12%的面积是湖，而 55°S~90°S 只有约 0.3%的面积被液态甲烷覆盖。这一差异可能源于当前土卫六南半球的夏季与土星近日点几乎重合，使得南半球夏季的最高太阳辐射通量比北半球夏季高出 25%。这种日照的不均衡使得南半球的甲烷和乙烷向北半球转移，在南半球蒸发，在北半球沉降。

对卡西尼号飞船的可见光和红外光谱仪和雷达资料的进一步模拟表明，安大略湖中约 49%为甲烷、41%为乙烷、10%为液氮，丽姬亚海则是 71%为甲烷、12%为乙烷和 17%为液氮。土卫六表面湖泊所含的乙烷还远远没有达到光化学模式所预估的甲烷光化学产物的总量，应当还有相当一部分的高阶碳氢化合物储存于土卫六的其他区域，如壳层的水合物中。根据卡西尼号飞船雷达的观测，当前土卫六自转周期和潮汐锁相的同步旋转速率每年约相差 0.36°，这要求水冰壳层与内核不能相连，意味着其中间可能存在一个液态水和氨的海洋（Lorenz et al., 2008）。

雷达观测还显示，土卫六表面较为平坦，起伏通常不超过 150 m，年龄只有 1 亿~10 亿年。除陨石坑的撞击、河流的搬运和侵蚀以及冰火山喷发对地形的塑造，土卫六表面还受到浓密的大气层带来的风化作用及周期性的潮汐力对水冰层和甲烷湖（海）的影响。由于土卫六较大的轨道偏心率（$e = 0.029$），土星对土卫六的潮汐影响远大于太阳，根据三维海洋环流模型估计，土卫六的甲烷海中潮汐环流和风生环流的最大强度分别能达到 0.2 cm/m 和 5 cm/m。在足够长的时间尺度上，“湖水”和“海水”对沿岸的冲刷也不容小视。这些特点使得土卫六成为一个很好的研究地外地形构造过程和海洋环流的天然实验室。

6.4 冥王星和其他柯伊伯带天体

6.4.1 冥王星

冥王星是太阳系内已知的体积最大的矮行星，直径约为 2377 km，质量约为月球的六分之一，是第一颗被发现的柯伊伯带天体。冥王星表面反照率达到约 0.72，轨道近日点和远日点分别为 29.7 AU 和 49.3 AU。由于与太阳距离较远，且轨道偏心率较大（$e \approx 0.25$）。冥王星的表面温度很低且变化较大，随纬度和轨道位置不同在 30~60 K。在此温度之下，氮气、甲烷和一氧化碳等易挥发物质都被冻结成冰。因此，冥王星的冰冻圈包含比火星冰冻圈更多的物质成分。冥王星的冰冻圈与大气圈是密切耦合在一起的。冥王星的大气压力由氮冰的饱和蒸气压所控制，随着轨道位置的不同，其表面气压约 1 Pa，远日点时表面温度较低，大气压也较低；而在近日点时，温度较高，氮、甲烷和一氧化碳将挥发进入大气，大气压也随之升高。除主要成分氮气以外，冥王星的大气层还有少量的甲烷和一氧化碳等气体。

冥王星是一颗冰行星，水冰构成了冥王星“基岩”，相当于地球上的岩石圈。水冰之上覆盖着氮、甲烷、一氧化碳等易挥发物质形成的冰及一些有机物，这些易挥发性冰的厚度和成分比例随温度变化呈现显著的变化，从温度最低处的氮冰占主导（含少量甲烷冰和一氧化碳冰），逐渐过渡到甲烷占主导（含少量氮冰和一氧化碳冰），再到温度最高处的覆盖有红色物质（可能为光化学反应产生的有机物）的水冰表面[图 6.11（a）和图 6.11（b）]。冥王星的自转轴倾角和轨道形成 120°的夹角，在南北方向上产生了和地球相反的太阳辐射分布：中低纬度地区的年平均辐射量最低，而两极最高。这使得熔点最低、最易挥发的氮冰主要集中在中低纬度，特别是明亮的斯普尼克平原（Sputnik Planitia）。冥卫一的表面则由水冰主导，在一些较为年轻的陨石坑中有氨冰存在。

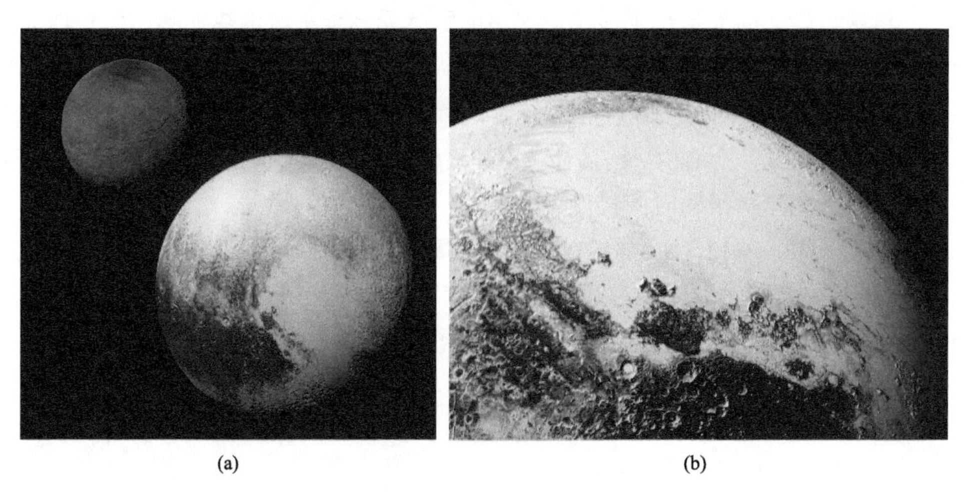

(a)　(b)

图 6.11　冥王星的表面

（a）冥王星和冥卫一的拼图，图片反映了二者的真实亮度和大小，但相对距离被拉近。可以看到冥王星的反照率明显高于冥卫一，尤其是中间偏右下角的心形斯普尼克平原；（b）冥王星平坦的斯普尼克平原与周围遍布陨石坑和丘陵的高地形成鲜明对比

资料来源：NASA Press Release

氮冰的三相点约为 63 K，大大低于水的冰点温度（273 K），也低于甲烷（91 K）和一氧化碳（68 K）的冰点温度。冥王星的表面平均温度约为 40 K。在此温度下，氮冰的黏度（约 10^{10}~10^{14} MPa·s）远小于水冰和甲烷冰。同时，氮冰的热传导系数[约 0.2 W/（K·s）]大约是水冰的 10%，密度则比水冰稍大（约 980 kg/m^3）。

斯普尼克平原是一个盆地，四周都是水冰形成的冰山，在平原周围还发现了冰火山的痕迹。该平原上覆盖着一层数千米厚的易挥发冰，主要成分是氮，也有少量甲烷和一氧化碳。该平原拥有冥王星上最高的反照率（> 0.9），这一反照率与土卫二和阋神星等被认为有活跃的地质活动的天体接近。同时，虽然斯普尼克平原的地势比周围低，该区域却呈现出正的重力异常，这意味着数千米厚的氮冰下方有着较高密度的物质。鉴于冥王星表面有每平方米毫瓦量级的地热通量和氮冰极低的热传导系数，氮冰下方可能存在液态氮构成的海洋（Nimmo et al., 2016）。此外，在新视野号探测器每像素 80 m 的最高分辨率照片中，找不到任何陨石坑的痕迹。这表明斯普尼克平原这块直径约 1000 km 的冰层在不断更新着它的表面。根据柯伊伯带陨石撞击的频率计算，这块心形平原表面的年龄小于 1000 万年。

新视野号探测器在飞越冥王星时拍摄的照片显示，斯普尼克平原上存在着大大小小相邻的多边形纹路，每个多边形中间稍稍凸起，边缘地势较低，高度差约几十米至上百米。这被认为是氮冰固态对流的最好证据。氮冰的热传导系数比水冰小一个量级，这使得在冥王星每平方米几毫瓦的地热通量下，单纯热传导的温度梯度能达到约 15 K/km，加上氮冰较小的黏度，几千米厚的冰层就能够形成类似于地球数千千米厚岩石圈的固态对流。二维数值模式的模拟结果显示，底层的氮冰受到冥王星地热加热，体积增大，在浮力的作用下上升，到达表层并向外流动，直到对流结构边缘下沉。由于表层黏度和底层黏度相差较大，表层的流动速度相对较慢，形成了水平方向较大（数十千米）、垂直方向较小（数千米）的对流结构。据估计，氮冰对流的时间尺度约为 50 万年，远远小于地球上地幔对流的亿年量级的时间尺度。

图 6.12（a）和图 6.12（b）显示在平原与其周围高地交界处还有许多氮冰流动的痕迹，它们源自周围高地上凝结后流下的氮冰，其流线反映了冰层下的地形起伏。从图 6.12（b）中还可以见到流动的氮冰如同河水绕过礁石一般绕过了几处可能的水冰冰山（Umurhan et al., 2017）。

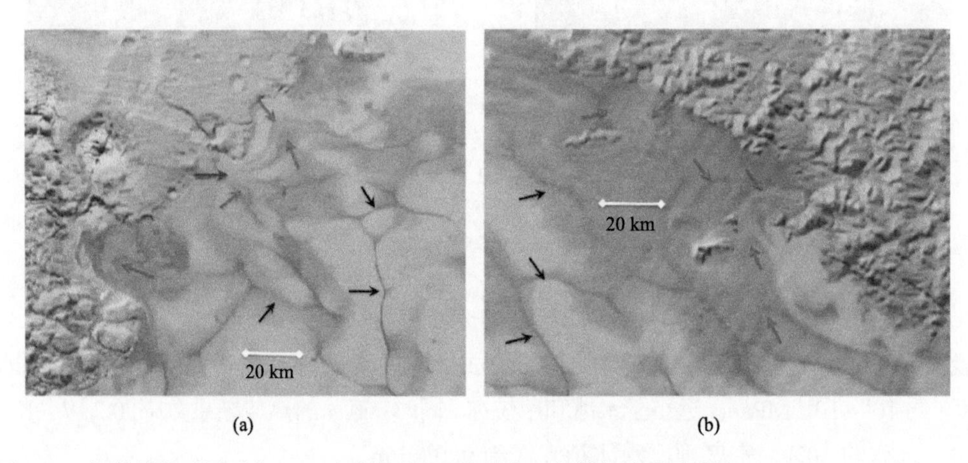

图 6.12 斯普尼克平原西北（a）和东北（b）边界上可能的氮冰流动痕迹（Umurhan et al., 2017）

绿色箭头指向可能的氮冰流线，黑色箭头指向被认为是氮冰固态对流的对流结构，

红色箭头指向可能的地面下的氮冰“水渠”

即使没有热力对流运动，氮冰自身的黏性流动也可以很快平滑掉任何陨石坑的痕迹，时间尺度可以低至 100 年之内。氮冰在自身重力的作用下，从陨石坑四周向中间流动，逐渐减小陨石坑底部和四周的高度差，当二者高度差低于一定限度后，由于水平和垂直分辨率的限制，将不再能够观测到陨石坑的存在。通过理论研究和三维冰川模式的数值实验发现，冰层温度、陨石坑的深度及直径和冰层（基岩）厚度均影响着黏性流动的速度，后两者对斯普尼克平原陨石坑能够存在的时间尺度影响最大。

对于黏性流动而言，波长（相当于陨石坑的直径）与冰层厚度相当的结构消失最快，比厚度大或小的波长都需要更长的时间。当陨石坑的直径远小于基岩厚度时，称其为厚冰状态，此时地形中的长波消失速度快于短波，也就是说，陨石坑的直径越大，则消失速度越快。当陨石坑的直径远大于基岩厚度时，称其为薄冰状态，地形中的短波消失得最快，也即陨石坑的直径越小，则消失速度越快。同时，陨石坑周围环形凸起和复杂陨石坑中心凸起或凹陷等结构的波长比陨石坑的主凹陷的波长短，冰层的厚度还能影响它们消失的先后。厚冰状态下能在接近填平的陨石坑上见到这些短波结构仍然存在，表现为简单陨石坑中间接近平面，而周围的环形山依旧保留。而在薄冰状态下，环形山和复杂陨石坑中间的小尺度结构则早于主凹陷消失。如果冥王星上的氮冰黏度与实验室数据（同时也是对流模式所用数据）相当，则黏性流动能在 100 地球年内将冥王星上常见大小（1~100 km 直径）的陨石坑填平至中心和边缘只有几十米高差，远低于新视野号探测器的探测极限。如果氮冰冰粒较大或者混合的甲烷和一氧化碳冰导致黏度显著提高，该时间尺度将可能延长。假设表面黏度达到 10^8 倍实验室数值，并递减到 200 m 深度以下的 10^4 倍，则所需的时间约为万年量级，仍然大大短于热力对流的时间尺度（Wei et al., 2018）。

在斯普尼克平原上，氮冰的表面还常常存在许多直径约为几十至 1000 m 的凹坑。这些小坑最深的可达 200 m 左右，排列较为规律，没有陨石坑常见的环形边缘，很可能是氮冰升华所形成的空洞。冰面上由于有机物或其他原因存在着反照率差异，吸收太阳光较多的区域升华较快，一旦地形上有微小的凹陷形成，凹陷处就会吸收比平面更多的太阳光，这一正反馈机制支持着凹坑的扩大，直到氮冰黏性流动填充凹坑的速度和升华的速度平衡时，它们的大小达到稳定。对这些凹坑的进一步观察发现在固态对流的多边形结构中心处凹坑较小较浅，而多边形边缘处凹坑较大较深。同时斯普尼克平原南侧的凹坑比北侧更大。这使得我们能够在一定程度上推测表面氮冰的黏性大小以及南北侧氮冰厚度的变化。

6.4.2 其他柯伊伯带天体

21 世纪过去的近 20 年中，人类在太阳系外围的柯伊伯带发现了许多新的天体。通过直接成像和光谱分析等方式确定了这些天体的物理性质，使得对其进行系统分类和比较逐渐成为可能。甲烷、氮气和一氧化碳是常见分子中仅有的在柯伊伯带天体温度下能够保持适中的蒸气压的成分，其他分子或者饱和蒸气压太低，始终以固态存在，或者如惰性气体一样始终以气态成分存在（并可能早已逃逸）。在8个最大的已知柯伊伯带天体中，海卫一、阋神星、冥王星、鸟神星、赛德娜（Sedna）和夸奥尔（Quaoar）6个天体通过光谱分析被确认含有甲烷。氮冰和一氧化碳冰则由于吸收谱线较弱，尚未在除冥王星和海卫一之外得到有效确认（Brown, 2012）。通过对可见光和红外光谱的分析，鸟神星的表面被认为缺少一氧化碳冰和氮冰，却覆盖着丰富的甲烷冰，含量比冥王星高一个量级，颗粒大小可达1 cm。夸奥尔的甲烷谱线则远弱于水冰谱线，研究人员推测其表面可能被水冰所覆盖，水冰之上散落分布着甲烷冰。占据柯伊伯带天体总数比例较大的小型柯伊伯带天体由于引力较小，往往只能保留水冰，无法保留易挥发冰（图6.13）。

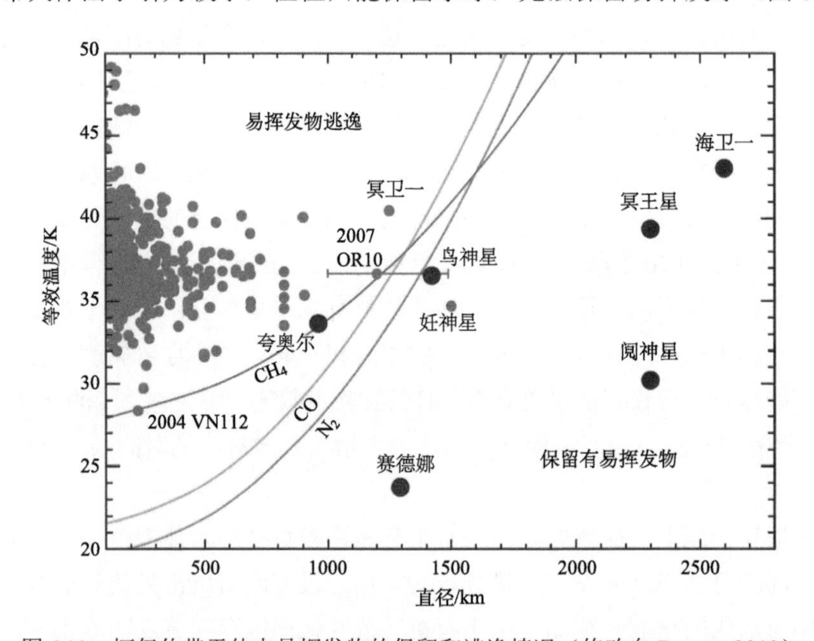

图6.13 柯伊伯带天体中易挥发物的保留和逃逸情况（修改自Brown, 2012）

三条曲线左侧对应三种分子因为天体太小和太热而全部逃逸，右侧对应易挥发物得到保留。红色点代表表面探测到甲烷的天体，曲线左侧没有任何天体目前探测到任何易挥发物

柯伊伯带天体中易挥发物质的含量可以通过简单的金斯（Jeans）逃逸模式计算。这些天体形成之初可能拥有相似的成分，易挥发物质的逃逸速度由每个天体不同的温度和重力所控制。氮气和一氧化碳有着相同的分子量，但氮气的饱和蒸气压更高，所以它比一氧化碳更快逃逸。而甲烷在三者中有着最低的饱和蒸气压，所以其在大部分温度下逃逸较慢，但在高温环境下，甲烷的分子量最小，逃逸速度反而最快。

在缺少大气的柯伊伯带天体上，太阳风、紫外线和宇宙射线能够直接照射地表冰面，产生光化学反应，并可能在冰面上覆盖一层惰性的光化学产物。在冥王星、冥卫一冰面上探测到的红色托林就是由于碳氢化合物和含氮物质长期被照射所形成的。在鸟神星上探测到的乙烷则是两个甲烷分子在光照条件下分别失去一个氢原子后形成的。乙烷还可能进一步参与光化学反应生成乙烯和乙炔存在于冰面上（Brown, 2012）。

柯伊伯带天体中水冰的比例也和其大小直接相关。迄今为止，没有任何直径在 520 km 以下的非 Haumea 家族柯伊伯带天体被发现具有强烈的水冰吸收谱线，而直径为 500~700 km 的天体则开始出现水冰吸收谱线变强的趋势。对氨冰的观察则相对困难，目前其仅被发现于冥卫一和 Orcus 表面（Brown, 2012）。同时氨冰被认为在光照下不稳定，氨冰的出现意味着在短期内曾有地质活动，如陨石撞击或冰火山喷发。

6.5 谷 神 星

谷神星于 1801 年被发现，其轨道位于火星和木星之间的小行星带中，它是小行星带中最大、最亮的天体，也是海王星轨道内唯一一颗被归类为矮行星的天体。其半径为 470 km（约月球半径的 1/4），质量为 9.39×10^{20} kg（约占小行星带总质量的 1/3，是月球质量的 1.3%），平均密度约为 2162 kg/m^3，公转周期为 4.6 年，轨道倾角为 10.6°（水星倾角为 7°，冥王星倾角为 17°），偏心率为 0.08（火星为 0.09）。内部构造模型认为谷神星有 17%~27%的重量是水（冰或其他含水物质）。哈勃望远镜对其形状和大小的观测显示谷神星经历过分异过程，演化和内部模型认为其拥有硅酸盐内核和富水（冰）的地幔。谷神星有一层稀薄的水蒸气大气层，利用紫外望远镜在谷神星上所发现的羟基（—OH）以及利用 Herschel 太空望远镜在其外逸层所测得的 6kg/s 的水的补充率（逃逸率）均支持富含水的假说。数个不同的演化模型认为谷神星曾经拥有地下海洋，并在漫长的历史中逐渐冻结。目前尚不能确定其深处是否还有残留的液态水。

美国宇航局发射的黎明号探测器于 2015 年到达并环绕谷神星飞行（Russell et al., 2016）。其可见光相机提供了分辨率数百倍于哈勃望远镜的全球范围照片[图 6.14（a）]，加之其光谱仪和重力场测量的结果为深入了解这一富水的古老太阳系成员提供了可能。除覆盖有高反照率物质的零散明亮区域外，谷神星表面大部分被陨石坑密集的暗色区域所覆盖，平均几何反照率约为 0.09。其地表为水冰、盐和水合矿物的混合物，可能还有水合物，黎明号探测器通过重力场测定给出的密度为 1200~1400 kg/m^3。这些高反照率物质均分布在陨石坑中[图 6.14（b）]，并在红外光谱中表现出碳酸盐的特征，被研究认为与水热活动有关。与灶神星等其他小行星带天体不同，尽管谷神星形成于太阳系早期，经历过强烈的陨石撞击，如今其表面能够观测到的陨石坑远远少于、也小于预期，这意味着很大一部分陨石坑已被地质活动所消除。进一步观测显示，大陨石坑得以保留的比例小于小陨石坑，这意味着其地表硬度较高，深处硬度较低，总体硬度介于岩石质的灶神星和冰质的 Rhea 之间（Russell et al., 2016）。

(a)

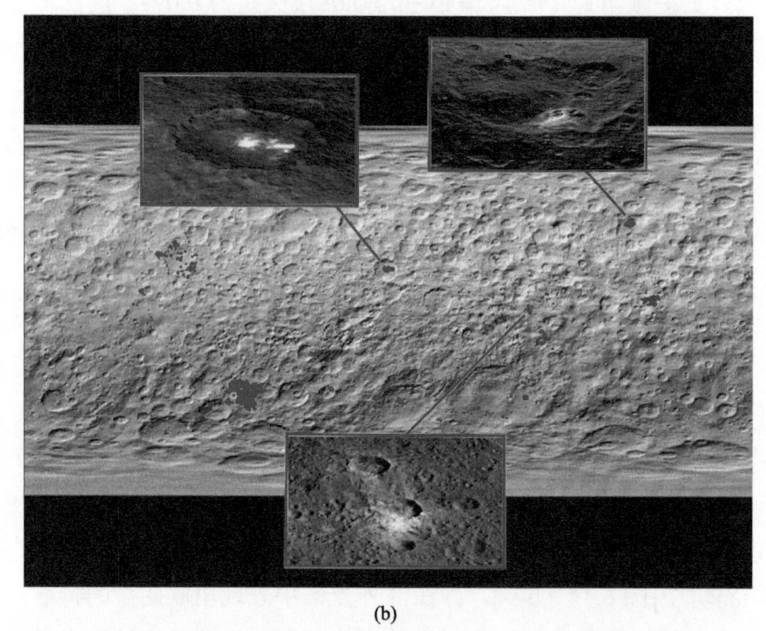

(b)

图 6.14 黎明号探测器拍摄的谷神星表面

图中的陨石坑、暗色地表和亮色高反照率物质清晰可见

（a）接近真彩色的全景图（图片来源：NASA/ JPL-Caltech/UCLA/MPS/DLR/IDA/Justin Cowart）；（b）高反照率物质分布图（图片来源：PIA20183，NASA/JPL-Caltech/UCLA/MPS/DLR/IDA）

和冥王星类似，在谷神星上也发现了冰火山的痕迹。约 17 km 宽、4 km 高的阿胡拉山（Ahuna Mons）便是一个较为确定的冰火山（图 6.15）。阿胡拉山是距离太阳最近的

冰火山，其上只有很少的陨石坑，地表年龄不超过数百万年。谷神星上其他的陨石坑中呈现出中央凹陷的比例远高于预期，这可能也是由冰火山活动导致的。

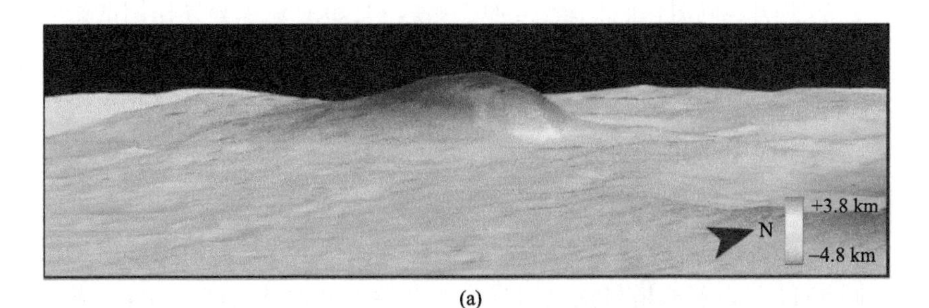

(a)

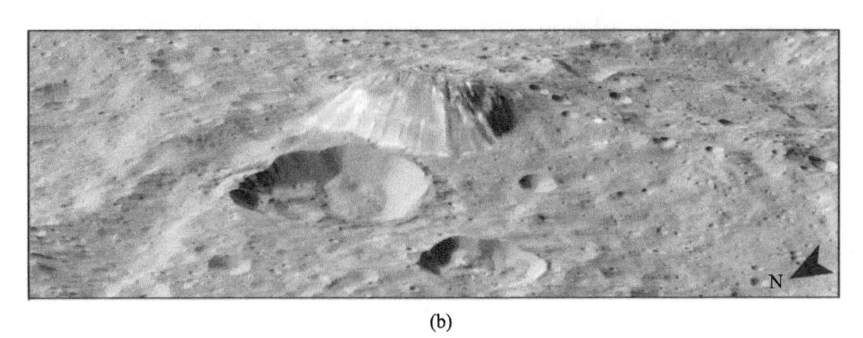

(b)

图 6.15　谷神星的阿胡拉山（修改自 Ruesch et al.，2016）

（a）由黎明号探测器可见光-近红外波段相机照片和数字地形模型合成得到的 3D 地形图，视角向西；（b）视角朝向东南方向的 3D 地形图

谷神星表面温度在太阳直射时可达约 235 K，暴露在阳光中的水冰和水合碳酸盐在这一温度下并不稳定，分别在约几百年和几百万年后就将低于观测阈值。水冰的挥发很可能是谷神星表面相较于其他冰卫星显得暗得多的原因。更重要的是，黎明号探测器在包括 Oxo 陨石坑等十余个不同的地区发现了暴露的水冰和水合碳酸盐，反映了这些区域活跃的地质活动。除此之外，地质活动的证据还包括，用哈勃望远镜在谷神星表面发现了不稳定的硫和二氧化硫分子，用黎明号探测器在数个陨石坑及阿胡拉山发现有重力场异常信号。

6.6　彗　　星

彗星由爱德蒙·哈雷于 18 世纪首次发现。水（冰）约占彗星质量的 80%，其成为太阳系中水（冰）含量最高的星体。对地球、陨石和彗星上氘-氢比值（D/H）的观测表明地球上相当大的一部分水储量来源于彗星。2009~2010 年的观测显示，木星平流层中的水汽有 95%来源于 1994 年的舒梅克-列维 9 号彗星（Shoemaker-Levy 9）撞击。除水冰外，还利用光谱分析在彗星上找到了 CO、CO_2 等其他碳氧化合物冰的证据。彗星形成于外太阳系雪线之外，主要聚集于奥尔特云（大于 2000 AU）和柯伊伯带/离散盘（大于 30 AU）中，其周期性轨道的大部分时间都远离太阳系中心，环境温度极低，很少受到其他星体撞击的影响。同时，它们较小的尺寸使得彗星避免了分异作用的影响，彗核的构成由内向外较为均一地由冰、尘埃和小石块构成，直径从百米量级到数十千米不等，形状通常不规则。当彗星在轨道上接近太阳时，彗核被加热，冰升华为水汽，尘埃与水汽一同被喷出，形成肉眼可见的彗发。

欧洲太空署的罗塞塔号探测器于 2004 年发射，在飞越观测 7 个彗星后于 2014 年 5 月成功进入环绕 67P/楚留莫夫－格拉希门克彗星（简称 67P）的轨道，成为第一个人造彗星卫星。同年 11 月，罗塞塔号探测器携带的菲莱着陆器软着陆于 67P，发回了一系列观测数据，直至约 60 h 后电量耗尽。67P 的密度约为 500 kg/m^3，孔隙率为 70%~75%，极紫外波段反照率为 0.03。

罗塞塔号探测器展示了 67P 奇特的哑铃状外形，以及表面各区域不同的地表特征（图 6.16）。此前，由于彗星表层往往被含水量较低的尘埃和有机物所覆盖，加之当彗星亮度达到地基望远镜观测极限时水冰往往已经升华形成彗发，遮挡住了地表，对彗星上的水冰进行观测并不容易。罗塞塔号探测器在 2 年多的近距离环绕观测中，当 67P 经过近日点时，使用了可见光相机和光谱成像设备对 67P 进行了全球范围的拍照，确认了表

图 6.16　67P/楚留莫夫－格拉希门克彗星

由罗塞塔号探测器于 2015 年拍摄，拍摄时距离彗星中心 28 km

图片来源：ESA/Rosetta/NAVCAM

面上数百处几米大小水冰的存在并观测到了水冰昼夜循环和局地喷气活动的联系，同时确认了其表面没有液态水活动过的迹象。罗塞塔号探测器还揭示了彗星上复杂的地形分布和地质运动痕迹[图 6.17（a）和图 6.17（b）]。罗塞塔号探测器还在 67P 上发现了氧气、氮气和惰性气体的存在，证明其形成于太阳系边缘非常寒冷的原始星云中。与 20

(a)

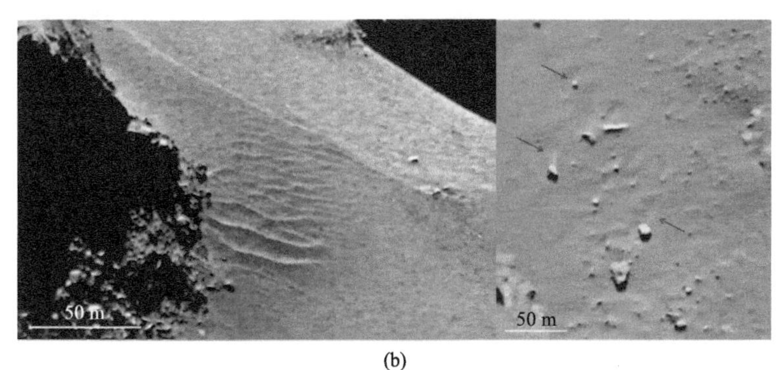

(b)

图 6.17　罗塞塔号探测器拍摄的 67P/楚留莫夫－格拉希门克近距离地表照片

（a）约 8 km 处拍到的高分辨率照片，可以清晰地看到彗星上的悬崖和地表石块；（b）地表可见气流喷发吹过的痕迹，以及石块在表面上被吹动留下的痕迹

图片来源：ESA/Rosetta/MPS

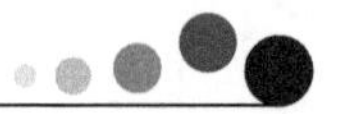

世纪 50 年代主流的“脏雪球”模型不同，67P 表面呈现出了复杂的地质形态和其他地质活动痕迹。其哑铃状的不规则外形、丰富的地表有机物种类、季节变化导致的尘埃分布变化以及不同地区差异巨大的地面纹理为我们了解彗星的形成和演化提供了宝贵的信息，同时也提出了许多新的问题。

思 考 题

1. 太阳系雪线外的主要冰质星体有哪些？
2. 太阳系雪线外星体的冰冻圈与地球和火星的冰冻圈有何差异？
3. 在木星和土星的冰卫星壳层之下存在液态水的条件是什么？

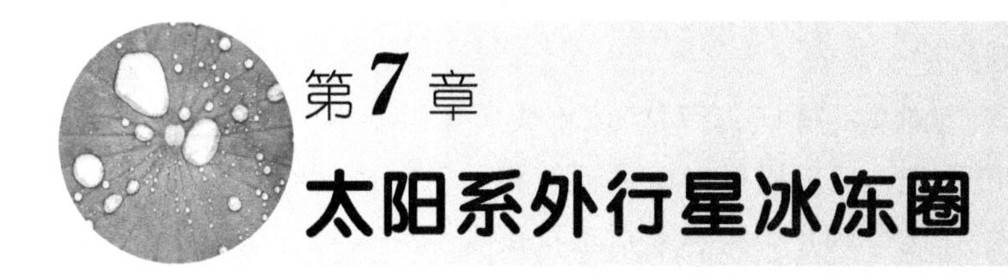

第7章 太阳系外行星冰冻圈

7.1 太阳系外行星探测

太阳系有八大行星，那么宇宙内其他恒星也应有行星围绕其公转，科学家们普遍相信这一点。但由于观测技术的限制，人类在 1995 年之前并没有观测到系外行星。1995 年第一颗系外行星被确认，这是一个划时代的事件。当学者们审视过去的观测结果时，发现系外行星其实在 1989 年就已被观测到，只不过那时还不能完全确定它是一颗系外行星。1995 年之后，每年累计确认的系外行星数目呈指数增加趋势，迄今为止，已经确认了近 4000 颗系外行星（图 7.1）。

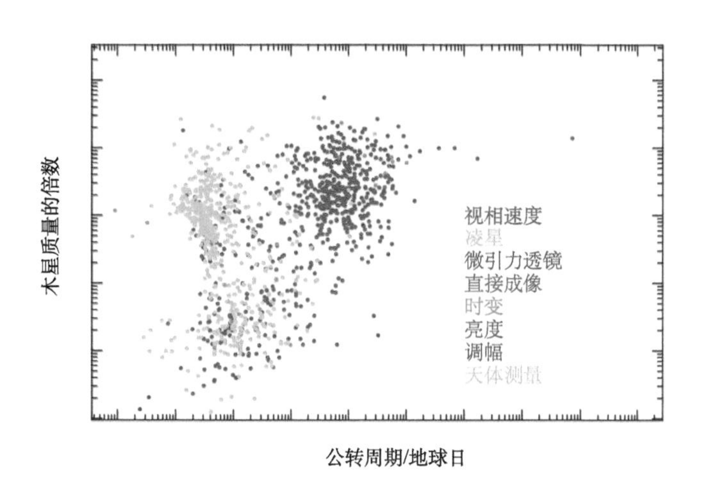

图 7.1　截至 2018 年 6 月 15 日已经确认的系外行星的公转周期和质量

图片来源：http:// exoplanetarchive.ipac.caltech.edu

已发现的系外行星大致可分为四类：表面温度高于 2000 K 的熔岩行星（lava planets）；大小与木星相当、温度却接近 1000~3000 K 的“热木星”（hot Jupiters）；质量是地球的 2~10 倍、密度却只有地球的一半的“海洋世界”（ocean worlds）；大小和地球接近、接收到的恒星辐射也与地球相当的“可能宜居行星”（potentially habitable planets）。关于系外行星，人类最关心的是有没有可能找到气候环境与地球类似，适宜类地生命存在的宜居行星。长期以来，人类一直有一个疑问，人类在银河系乃至宇宙是孤立的吗？系外行星的发现将有助于我们回答这一疑问。

但观测系外行星是比较困难的。第一，行星的体积或质量很小，不容易被观测到。第二，行星本身并不发射可见光，但可以反射恒星辐射和发射较弱的红外辐射，这对观测行星形成了极大的挑战。迄今为止，科学家很难直接观测到系外行星，只是使用间接的方法观测系外行星。就目前的观测技术来讲，探测到系外行星的方法主要有四种：①视向速度法（radial velocity method）；②掩星法（transit method）；③直接成像法（direct imaging method）；④微引力透镜法（gravitation microlensing）。最早发现的行星是通过视向速度法获得的。目前观测到最多数目系外行星的方法是掩星法。预期在未来 10 年内，掩星法将仍然会是最有效的观测方法。但是，想进一步测量系外行星的大气和温度信息，尤其是类地的系外行星，必须依靠直接成像的方法或者透射谱的方法。因此，直接成像法将是未来最有潜力的观测方法。这需要望远镜的分辨率有更大的提高。

视向速度法的主要原理是恒星光谱的多普勒平移。行星和恒星围绕其共同的质心运动，因此当恒星周围存在行星时，恒星时而远离我们，时而靠近我们，其光谱将发生多普勒平移。当恒星朝着我们运动时，观测者测量到的光波波长较短，频率较高，犹如火车进站时的鸣笛声越来越尖锐。而当恒星远离我们运动时，观测者测量到的光波波长较长，频率较低，犹如火车出站时的鸣笛声越来越低。行星的质量越大、越靠近恒星，其对恒星的运动轨道扰动就越加显著，这种多普勒效应也就越加明显。也因此，通过视向速度法测量到的行星大多质量很大，通常和木星的质量相当。目前，视向速度法的测量精度可以达到每秒几米的量级。值得注意的是，视向速度法只能确定行星的最小质量，而无法确定行星的绝对质量。

掩星法的主要原理是通过观测行星对恒星光的周期性遮掩来确定行星的存在与否，如图 7.2 所示。行星绕着恒星周期性运动，当观测者在这个恒星系统之外观测恒星的光时，就会发现有周期性的光强变化现象。通过观测遮掩的深度和时间，可以反推出行星的公转周期和相对于恒星的大小。恒星本身的大小可以通过理论公式计算得出，于是可以得到行星的体积绝对大小。目前，掩星法的测量精度可以达到几百个 ppmv 的量级。利用这种方法，科学家们已经观测到了 2000 多颗系外行星的大小和公转周期。通过掩星法搜寻系外行星主要是由 NASA 主持的 Kepler 望远镜来实现的。NASA 于 2018 年发射第 2 架专门搜寻系外行星的太阳望远镜 TESS，将在两年内搜索上万个恒星系统。

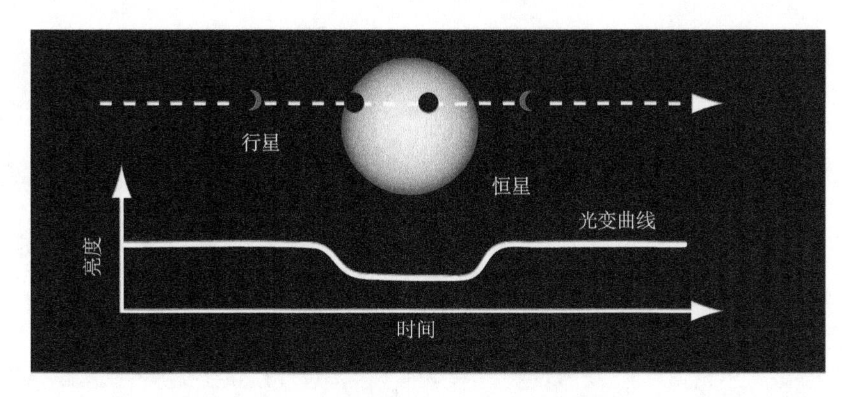

图 7.2 掩星法搜寻系外行星的示意图

图片来源：NASA

直接成像法就是对行星进行直接成像。恒星的光强通常是行星光强的 10^4~10^6 倍，这使得直接成像法变得非常困难。目前的直接成像法只能探测距离恒星较远、大小与木星接近的行星。利用这种方法，人们虽然只发现了几十颗行星，但是其未来将成为主流方法之一。如果有一种办法可以遮挡住恒星的光的话，就可以很容易地对行星进行成像了。目前，NASA 和欧洲太空署正在开发可以用于太空望远镜的日冕仪（coronagraph）技术和遮阳伞（starshade）技术。如果这两种技术其中的任何一种技术能够应用成功，未来观测系外行星大气的发射谱，进而反推行星的大气成分和气候特征就不再是不可预期的目标。

微引力透镜法主要是利用恒星引力所导致的光线弯曲来实施。微引力透镜法需要借助第 2 颗恒星来确定第 1 颗恒星周围的行星。根据广义相对论的时空观点，第 2 颗恒星的光在经过第 1 颗恒星的时候会发生弯曲，弯曲的程度反映了第 1 颗恒星的质量。如果第 1 颗恒星的周围有行星，行星可以进一步引起光线的弯曲，从而影响观测者测量的恒星光强的变化。通过这种方法可以推测行星的质量和行星轨道的半长轴。

图 7.3 总结了过去和未来系外行星的主要探测计划。一方面，将搜寻到更多的系外行星。另一方面，将针对一些特别关心的行星，观测行星的具体信息，如表面温度、温度空间分布及大气成分等。通过对大气成分进行分析，可以进一步推测行星是否宜居。例如，如果可以确定某行星的大气中没有 H_2O、CO_2、CH_4、O_2 和 O_3 等，那么就基本可以断定该行星是非宜居的。在不远的将来，如 20 年之后或者 40 年之后，发现系外生命并不是不可能的。

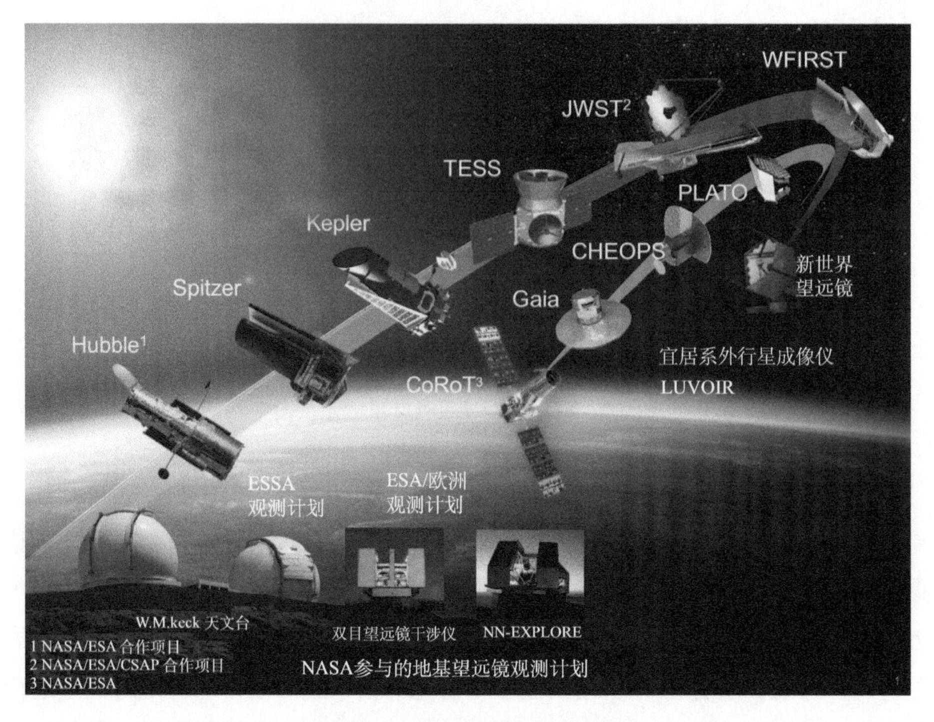

图 7.3 系外行星的探测计划

图片来源：NASA

7.2 恒星的宜居带和行星的宜居性

一颗行星是否适宜生命存在取决于诸多条件，如地表液态水、恒星辐射、行星轨道、大气成分、臭氧层、板块构造、磁场等。其中，首要条件是地表长期存在液态水。这是因为地球上所有生命都需要有液态水。而行星的地表是否能够长期维持液态水的存在，主要取决于其地表温度。以太阳系的行星为例，金星太热，其表面温度超过 500℃；火星太冷，其表面温度低于–60℃，均不适合类地生命的存在。只有地球表面有液态水存在，因此地球是宜居的。据此，科学家们将液态水带推广到宜居带，并根据行星的表面温度定义了宜居带这一概念。

宜居带指的是环绕恒星的一个环形区域，位于该区域内的行星，其表面不至于太热而使得所有水都被蒸发，也不至于太冷而使得所有水都冻结成冰，如图 7.4 所示。这一环形区域的内边界称为宜居带内边界，对应的行星地表温度为 80℃左右。环形区域的外边界称为宜居带外边界，对应的行星地表温度为 0℃左右。寻找宜居行星就是搜寻处于宜居带内与地球质量相当的行星。

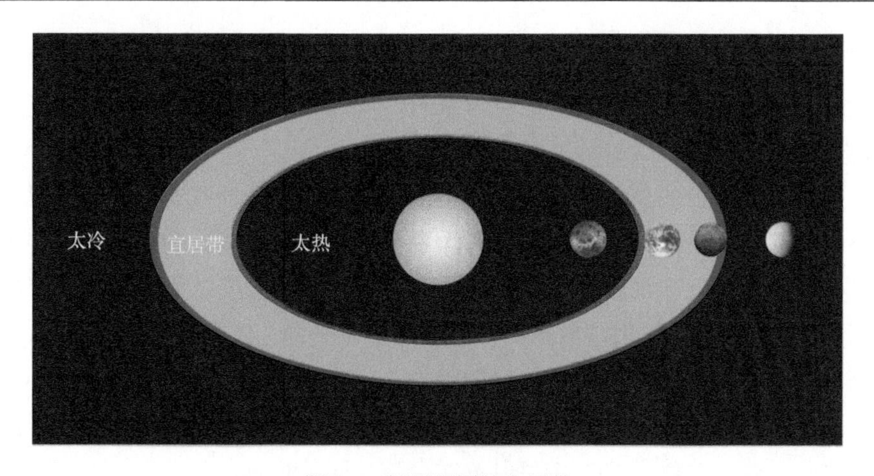

图 7.4　恒星周围的宜居带

宜居带对应图中的绿色区域。红线是宜居带的内边界，蓝线是宜居带的外边界。目前对于内边界和外边界的具体位置还有诸多问题没有解决，依然是前沿研究热点

图片制作：熊俊琰

位于宜居带内的行星，其全球平均表面温度可以用能量平衡方程来简单估算：$S_0\times(1-\alpha_p)/4=A+B\times T_S$，其中，$S_0$ 是直射点位置的恒星辐射强度，α_p 是行星反照率，数字 4 源自行星的球形形状，A 和 B 是描述大气温室效应的两个常数，T_S 是全球平均地表温度（North，1975）。该公式的适用范围是 200~310 K，对于更高的温度或者更低的温度，需要使用不同的A值和B值，甚至等式右边需要不同的形式。公式中最困难的部分是 α_p，行星反照率取决于云、水汽、气溶胶、地表类型等，而云的分布与光学厚度、大气尺度大气环流、对流、云滴和雨滴微物理过程有关。该公式尚未考虑的一个主要变量是大气和海洋的水平与垂直热量输送。因此，在估算行星气候的时候，使用三维的全球气候模式考虑三维的大气和海洋运动，乃至海冰和冰川的运动对行星气候的影响。

宜居带的内边界主要是根据水汽逃逸来定义的。与水汽逃逸相关的气候态有两种，一种是湿温室气候态（moist greenhouse state），另一种是失控温室气候态（runaway greenhouse state）。平流层以上的水汽可以被紫外线光解成氢和氧，其中质量较小的氢很容易逃逸到太空中去，这一过程可以使得行星表面的液态水越来越少。地球上也存在这样的过程，但是因为地球平流层以上的水汽太少，只有几个 ppmv，水汽的逃逸对整个海洋深度的影响可以忽略不计。如果地球或者其他行星在某种气候态下，平流层以上的水汽浓度达到 1000 ppmv 以上，水汽光解和逃逸的现象就会变得非常明显。地球海洋的海水总质量约为 1.5×10^{12} kg，如果平流层的水汽含量达到 3000 ppmv 以上，则所有海洋中的海水可以在 45 亿年内（也就是地球的现有寿命期限内）全部逃逸掉。

对于湿温室效应，只有当地表温度比较高时，对流层顶的温度才会足够高，以至于有充足的水汽达到平流层以上。数值模拟表明，达到湿温室效应，地表温度必须高于 340 K。但是，这个温度阈值取决于行星重力加速度和行星大气中的背景成分。在相同温度下，

假定大气完全饱和，重力加速度越小，大气中的水汽绝对含量就越多，这是因为饱和水汽压的大小只与温度有关，而水汽绝对含量的多少等于水汽压除以重力加速度。因此，重力加速度越小，行星大气越容易进入湿温室气候态。

失控温室气候态指的是行星吸收的恒星辐射超过行星自身发射的红外辐射，剩余的净能量不断加热行星表面和大气，直到海洋中所有的海水都蒸发到大气中，并迅速逃逸到太空中去。"失控"一词就源自这种能量不平衡。地球温度之所以可以维持在 288 K 附近，是因为吸收的恒星辐射和放出的红外辐射基本平衡。对于全球变暖，在大气中 CO_2 浓度升高的情况下，由于 CO_2 对红外光的吸收，放出的红外辐射能量暂时减小，只有通过不断升高地表和大气温度，行星发射到太空的红外辐射才能再次与吸收的短波接近，最终重新达到平衡，这就是 CO_2 浓度升高时全球变暖的机理。

失控温室效应的概念源自水汽对红外波段的吸收能力。当温度足够高、水汽浓度足够大时，水汽对红外波段的吸收遍布整个波段，使得所有波段吸收都达到饱和。因此，当温度很高时，行星发射的红外辐射有一个上限，在相对湿度达到 100%，并且重力加速度是地球重力加速度的大小时，这一上限在 290 W/m^2 左右。当相对湿度是 45%时，这一上限是 340 W/m^2 左右。云的长波辐射效应可以降低这一上限。当大气和地表吸收的恒星辐射低于这一上限时，地表和大气温度会不断降低；当吸收的恒星辐射等于这一上限时，地表温度维持一个稳定值；当吸收的恒星辐射超过这一上限时，地表温度无法维持一个稳定值，地表温度会不断升高，直到地表温度达到 1400 K 以上，地表开始发射近红外辐射，整个行星气候系统才能再次达到平衡。水汽在近红外波段有吸收，但是并不是覆盖该波段中所有波长。另外，水的临界点在 650 K 左右。当地表温度高于这一数值时，水就没有了三相态，只有一个态，气态和液态已经没有分别了，叫作超流体状态。在超流体状态下，分子之间的距离足够大，所有水都以超流体形式存在于大气中，行星地表就不存在液态水了。

失控温室气候态发生的条件比湿温室气候态发生的条件苛刻，通常需要更高的地表温度。但是并不一定需要先发生湿温室气候态，才能出现失控温室气候态。在某种情况下，失控温室气候态也可能先发生。这是因为两个物理过程的本质是不同的，失控温室气候态取决于大气层顶是否能量平衡，湿温室气候态取决于平流层水汽的含量。

与失控温室效应对应的一个词是失控冰室效应（runaway glaciation），即当冰雪线达到一定纬度时，由于行星的球形特征和冰雪反照率反馈的作用，冰雪线将失去其稳定性，直接进入全球冰封的冰雪世界。冰雪反照率反馈是指当地表温度降低、海水发生相变成为冰或者雪，海水的反照率要远小于海冰和雪的反照率，冰雪将更多的太阳辐射或者恒星辐射反射回太空，进一步使得地表温度降低，从而形成一个地表温度和冰雪之间的正反馈。失控温室效应与失控冰室效应有许多不同：前者是进入越来越热的气候，而后者是进入越来越冷的气候；前者的水汽不断逃逸到太空，直到地表不存在海水了，而后者的海冰不断凝结成冰，但是冰还是保留在行星表面，并且冰下面依然可以有海洋，甚至在冰比较薄的位置，阳光可以穿透冰雪到达下层海水，因此依然可以孕育生命。

宜居带的外边界主要是以最大 CO_2 温室效应或者 CO_2 凝结来定义的。CO_2 具有温室效应，是因为 CO_2 可以提高大气对红外光的吸收能力，同时 CO_2 也可以散射可见光，造成冷却效应。CO_2 的冷却效应在地球气候中的作用非常小，甚至可以忽略不计，这是因为地球大气中的 CO_2 含量非常低。纵观整个地球气候历史演化，大气中的 CO_2 的最高混合比只有万分之一到百分之一，无法造成显著的散射效应。但是对于宜居带外边界附近的行星，地表碳酸盐—硅酸盐循环应该很弱，火山喷发释放的 CO_2 可以在大气中不断累积，因此通常认为大气中的 CO_2 可以达到几个地球大气压，甚至几十个地球大气压。当 CO_2 达到 8 个地球大气压左右时，其对可见光的散射效应要超过其温室效应，因此对地表来说将起到降温的作用。无论是散射冷却效应，还是温室加热效应，都是从辐射传输的角度来考虑这个问题的。其实当 CO_2 分压达到 1 bar 的量级时，还有一个三维的效应，即影响水平热量输送。一般而言，CO_2 分压越高，水平热量输送越显著，这将影响到海冰和海水的分布。

在百万年或者更长的时间尺度上，是什么过程决定了大气中的 CO_2 浓度？一种答案是碳酸盐—硅酸盐循环，参见第 3 章。因为风化反应的速率和降水的强度有关，降水的强度又和地表的温度有关。一般而言，地表温度越高，降水越强，因此地表温度的高低影响风化反应的速率，进而影响大气中 CO_2 的减少速率。当由于某种原因地表温度升高时，降水强度增大，CO_2 的减少速率越大，从而大气中 CO_2 浓度减小，大气温室效应强度减弱，地表温度降低。反之，当地表温度降低时，降水强度减弱，CO_2 的减少速率减小，火山喷发释放的 CO_2 在大气中不断累积，使得大气中 CO_2 浓度增大，大气温室效应强度增强，地表温度升高。因此，碳酸盐—硅酸盐循环可以起到调节行星地表温度的作用。这种反馈过程在其他行星上是否也成立是一个谜。

CO_2 凝结指的是当地表或者大气温度低于 CO_2 的凝结温度时，大气中的 CO_2 将凝固，并降落到地表，从而使得大气失去 CO_2，也失去温室效应，这种现象也称为大气坍塌。如第 5 章所述，在火星的极区就经常发生这种 CO_2 沉降现象，尤其是在极区的冬季。CO_2 凝结的温度很低，在 1 bar 大气压力下，只有当温度低于–82 ℃时，CO_2 才开始凝结。在火星上，因为气压较低，凝结温度需要在–120 ℃以下。

目前认为，在已经发现的近 4000 颗系外行星中，有 10~20 颗有可能是宜居行星。如图 7.5 所示，它们分别是 Proxima Cen b、Kapteyn b、GJ 667Cc、GJ 667Ce、GJ 667Cf、TRAPPIST-1e、TRAPPIST-1f、TRAPPIST-1g、LHS 1140b、Kepler-186f、Kepler-1229b、Kepler-442b 和 Kepler-62f 等。这些行星刚好处于宜居带以内，且其行星半径在 1~2 个地球半径范围内。宜居行星的质量或者半径不能太大，否则就是气态行星，如木星。另外，宜居行星的质量也不能太小，否则就难以维持足够厚的大气，如火星。这些系外行星中最靠近地球的是比邻星 Proxima Cen b，它距离地球约 4.2 光年，行星的质量是 1.3 个地球质量，行星公转周期是 11.2 d。Proxima Cen b 接收到的恒星辐射强度是地球接收到的太阳辐射强度的 66%，行星的辐射平衡温度大约是 229 K（假定其行星反照率为 30%，与地球类似）。虽然其辐射平衡温度较低，但是由于大气的温室效应，其地表温度仍可能高于 273 K，尤其是在恒星直射点的附近。因此其地表可以有液态水，进而可以维持生命的生存与演化。虽然这些行星在宜居带内，且大小合适，但并不是说它们都是宜居的或者它们就一定有液态水存在。因为行星的宜居性还取决于诸多其他因素，如行星早期液态水的含量和演化、行星轨道和恒星辐射的演化以及行星的大气成分及其逃逸等。

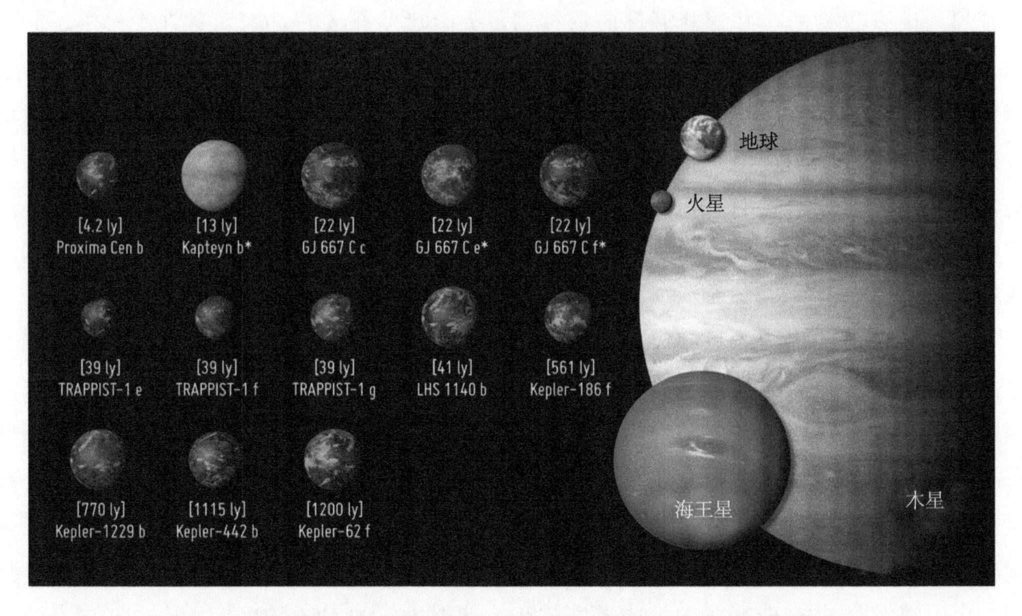

图 7.5 目前确认的可能宜居的系外行星（按照到地球的距离排行）

每颗行星下面的中括号中的数字显示的是行星距离地球的远近，单位为光年。行星的大小是观测值，但行星的颜色是假像图。和地球类似，这些系外行星极有可能都是岩石类行星。为了对比，图中还显示了地球、火星、木星和海王星的大小。*表示这颗星尚未完全确定。1ly=9.46×10^{13}km

图片来源：phl.upr.edu

对于系外行星，下一步观测目标主要是这些行星的大气成分，测得了大气成分才能进一步确定这些行星是否真的宜居。只有真正测量到类地行星的大气和气候信息，才可以确认其是否宜居。目前，判断系外行星是否宜居主要根据大气和气候的理论与数值计算来推测。因此，气候模拟在系外行星研究中具有举足轻重的作用。当我们可以观测类地行星的温度和大气成分的时候，气候模拟会起到更重要的作用，一是可以帮助描述详尽的三维结构及其机理，二是可以帮助反演一些通过观测无法知道的信息，如地表性质和云层结构等。

系外行星气候与宜居性的研究和地球气候及其演化的研究类似，因为气候理论是相通的，物理和化学规律是普适的。地球气候研究中使用的气候模式有简单的能量平衡模式、一维的辐射传输模式、二维的气候理论模式、三维的大气环流模式、三维耦合的大气-海洋环流模式，以及地球系统模式等。系外行星气候的研究与此类似，目前主要使用的模式是前 4 种，第 5 种模式还尚未运用在系外行星研究中。与地球气候研究不同，系外行星气候的关注因素主要有大气质量、大气成分、云的成分与分布、海洋的深度、海洋-陆地分布、海水盐度、行星大小、重力加速度、轨道倾角、轨道偏心率、行星自转速率、行星公转速率、恒星辐射谱、恒星辐射分布、海冰动力、冰雪反照率等。有些参数通过直接修改模式代码就可以实现，如轨道倾角；有些参数需要改进模式的辐射传输方案，如大气质量和成分；有些参数需要修改模式中海水的状态方程，如海水盐度；有些参数需要修改模式中恒星辐射分布，如恒星类型和行星轨道特征；和地球气候模拟类似，最为困难的地方是云的模拟，这方面高分辨率的云解析模式将来会有大用途。关于模式的动力部分，如原始方程或者 Navier-Stokes 方程，基本上不需要做什么修改，因为这些动力方程对一般的流体都是适用的，一般不存在需要大修的地方。不过，模式中的边界层混合过程是参数化的。其中的参数化方案是否适合不同的行星大气依然是一个问题；海洋中的混合过程也是参数的，高分辨率的海洋解析模式可以用来确定不同情形下的海洋模拟需要使用怎样的参数化方案。

根据目前的认知，对行星气候影响比较重要的因素主要有大气质量和成分、恒星光谱、行星自转速率、海洋等。云的多少和分布主要受行星大气环流的影响，而大气环流又取决于行星自转速率等。恒星光谱可以影响行星地表冰雪的反照率，进而影响冰雪反照率反馈的强度；目前这方面的计算已经比较成熟了。关于行星大小和重力加速度对行星气候的影响，这方面的研究还比较少，尚无确切的结论。行星轨道倾角和偏心率对行星气候的季节变化有影响，尤其是对于水较少的干行星（dry planets，如火星），但是对整个行星的长期气候态的影响可能不会太大。如果地表有海洋存在，海水的热力惯性很强，则可以显著地削弱行星轨道变化造成的季节变化强度。行星气候研究中，海洋是一个非常大的不确定性，因为目前还很难观测到行星地表的性质。在这方面，目前有一些关于海洋对行星气候的影响的理论和数值实验分析，但是都没有观测数据来确认或者验证。地球上，海洋热量输送对整个气候系统至关重要。对于系外行星，海洋热量输送的强度和分布将完全不同，可能有更强的影响，也可能有更弱的影响。关于行星的大气质量和成分方面，目前有一些观测可以得到热木星的大气成分，但是对于类地行星而言，目前尚无任何观测，只能通过一些光化学模式或者大气化学模式来推测行星的大气成分，或者将行星气候和行星大气结合起来，使用化学-气候耦合的模式来研究。对于行星的大气质量，目前的气候研究中也只能做一些假定。海冰动力可以影响地球极地海冰的厚度和覆盖范围等，但是关于海冰动力对系外行星气候的影响，目前并无相关文献出现，急需相关研究，尤其是对宜居带外面附近行星的研究。一个重要的科学问题是，海冰动力是否可以促进行星进入完全冰封的冰雪世界。

7.3 潮汐锁相行星和冰冻圈

银河系中的恒星有千亿颗，它们可以大致分为七类，随着质量减少，依次分为 O、B、A、F、G、K、M 类（图 7.6）。M 类恒星质量最小、表面温度最低，其质量只有太阳的 60%~75%，表面发光强度是太阳的 0.015%~7%，表面温度是 2300~3800 K（太阳的表面温度是 5800 K）。由于 M 类恒星的质量较小、温度较低，其核反应的速率也比太阳小很多，所以 M 类恒星的寿命要长很多，这也导致银河系中 70%以上的恒星是 M 类红矮星。G 类恒星的寿命长度是 100 亿年左右，而 M 类恒星的寿命长度可以达到 1000 亿年（表 7.1）。

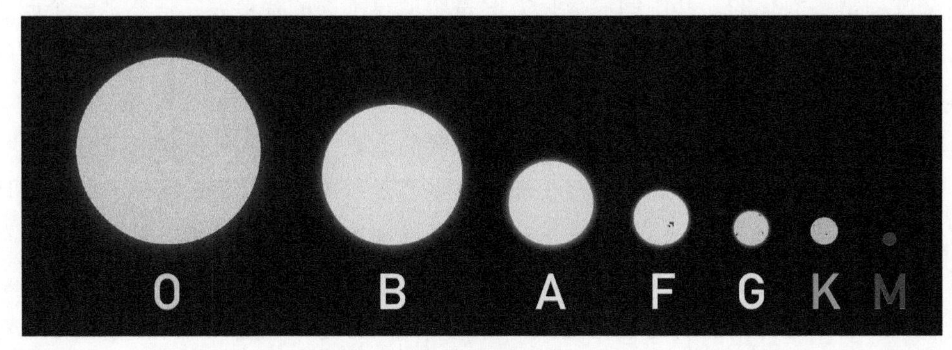

图 7.6　不同主序星的相对大小

M 类红矮星占整个恒星数目的 75%左右

图片来源：TEACH ASTRONOMY, www.teachastronomy.com

表 7.1　各类恒星的性质参数和围绕恒星的宜居带的中心位置

恒星	质量/M_{sun}	表面温度/K	中心波长/μm	光照强度/L_{sun}	寿命长度/年	宜居带位置/AU
O	60	>30000	<0.097	10^5	10^6	—
B	10	10000~30000	0.097~0.29	10^4	10^7	—
A	3	7500~10000	0.29~0.39	60	10^8	7
F	1.5	6000~7500	0.39~0.48	5	10^9	2
G	1	5000~6000	0.48~0.58	1	10^{10}	1
K	0.5	3500~5000	0.58~0.83	10^{-2}	10^{11}	0.25
M	0.1	2500~3500	>0.83	10^{-3}	10^{12}	0.05

注：M_{sun} 代表太阳的质量，L_{sun} 代表太阳的光照强度。

红矮星的发光强度比太阳小很多，因此其宜居带要更加靠近主星。太阳系的宜居带在 1 AU 左右，红矮星的宜居带在 0.05 AU 左右，所以红矮星对宜居带内行星或者宜居带内边界以内的行星具有特别强的潮汐力，潮汐力的强度可以是地球所受潮汐力的 100 倍以上。潮汐力的强度与恒星的质量成正比，与恒星和行星距离的三次方成反比。强潮汐力往往导致行星处于潮汐锁相的状态，这种状态下，行星的公转周期是行星自转周期的整数倍，或者公转周期恰好等于自转周期，称为同步旋转行星。水星就处于潮汐锁相状态，它的公转周期和自转周期比约等于3∶2；月球相对于地球处于同步旋转状态，它的公转周期和自转周期基本相等。当公转周期和自转周期相等时，主星与伴星的连线永远对应伴星的某一个固定点（称为直射点），类似于我们只能看到月球的一面，而无法看到月球的另一面。本节将主要介绍同步旋转行星上的冰冻圈。

在目前已观测到的系外行星中，大部分都是M类恒星周围的行星，其中，近年来大家特别关注与感兴趣的可能宜居的行星是Proxima Cen b、TRAPPIST-1e和LHS 1140b。表7.2中列出了这三颗行星的相关参数。这三颗行星的大小和地球类似或者比地球稍大，接收到的恒星辐射比地球接收到的太阳辐射小一些，但都处于宜居带内。三颗行星中，Proxima Cen b的恒星辐射强度最大，达到887 W/m^2；TRAPPIST-1e的公转周期最小，6.1 d（本书中指的“天”都是一个地球日，即24 h；“年”是一个地球年，即365个地球日）；LHS 1140b的重力加速度最大，可能达到31 m/s^2。从可观测性来讲，其中一个重要的参数是行星与地球之间的距离，这三颗行星和地球的距离都在45 ly以内，这个距离内的行星未来是有可能被大型望远镜观测到其大气成分和气候的。随着太空望远镜TESS观测项目的不断推进，未来将有越来越多的类似表7.2中的系外行星被发现。如果假定这三颗行星是同步旋转的话，那么它们的背阳面应该都是被海冰或者陆地冰川覆盖的。

表7.2 地球和三颗比较近的可能宜居的系外行星的参数

行星	恒星温度/K	恒星辐射/(W/m^2)	公转周期/d	行星半径/R_e	行星质量/M_e	重力加速度/(m/s^2)	平衡温度/K	距离/ly
地球	5789	1365	365	1.0	1.0	9.8	255	0
Proxima Cen b	3040	887	11.2	0.8~1.4	>1.3	12	229	4.2
TRAPPIST-1e	2510	821	6.1	0.9	0.6	9	220	39
LHS 1140b	3130	621	24.7	1.4	6.6	32	200	41

注：R_e代表地球的半径；M_e代表地球的质量。

同步旋转行星拥有永远光照的向阳面和永远黑暗的背阳面。这种行星的大气环流模式是向阳面的上升气流和背阳面的下沉气流，下沉气流再通过近地面边界层回到向阳面。这种大气环流可以将水汽和比较热的空气从向阳面输送到背阳面，同时将较冷的空气从背阳面输送到向阳面。通常而言，背阳面的温度较低，水汽将凝结成冰雪，进而降落到地表。因此，背阳面将是冰冻圈形成的发源区。如果冰冻圈足够厚的话，甚至行星上的所有水都可以冻在背阳面，从而使得这类行星变得不宜居。因此，背阳面冰雪的厚度是一个关键的变量，下文叙述中哪些主要因素决定了背阳面冰雪的厚度，在Yang等（2014）的文献中，本章作者及其合作者专门研究了这一问题。

在平衡态下，海冰厚度 h 主要由三个因素决定，包括冰面温度、冰下的热量大小 F 和冰的热传导系数 k：$h = k\Delta T/F$，其中 F 包括地热（geothermal heat flux）和海洋向冰下的热量输送，ΔT 是冰面的温度和冰底部温度的差。冰底部温度通常是接近凝固点的温度，即 0℃，或者当海水中盐分比较高时，也可以低于 0℃；通常，地球海水的凝固点在−1.8℃左右。行星的地表温度主要由恒星辐射的强度和行星大气中温室气体浓度决定。对于同步旋转行星而言，背阳面没有恒星辐射，其地表温度主要由温室气体浓度以及从向阳面到背阳面的大气与海洋热量输送强度决定。地热部分通常很小，如果只是依靠地热，海冰可以增长到上千米；当有海洋热量输送的时候，海冰会薄很多。对于同步旋转行星，背阳面的温度通常只有 220 K 左右，甚至更低。假定地热能量是 0.07 W/m^2（相当于现代地球的全球平均值），冰的热传导系数为 2.5 W/（m·K），此时背阳面海冰的厚度可以达到 720 m。当地热是 0.01 W/m^2 时，背阳面的海冰厚度可达 5000 m 左右。如果整个背阳面都被如此厚的海冰覆盖，而初始时刻全球平均海水深度低于 360 m（2500 m），所有的海水都将以固态的形式存在于背阳面，从而使得整个行星都失去液态水，变得不宜居。

以上估算没有考虑海洋热量输送和海冰动力过程，因此可能大大高估了海冰的厚度。一方面，如果没有陆地阻挡，海洋可以通过动力过程有效地将热量从向阳面输送到背阳面，从而有效降低海冰的厚度。另一方面，在风应力的驱动下，海冰动力过程可以将海冰输送到直射点附近较为温暖的区域，进而海冰融化，这种过程也可以有效降低冰的厚度，同时可以起到降低向阳面海表温度的效果。当把这两种过程在一个耦合模式即大气-海洋-海冰模式中考虑时，发现冰的厚度只有几米，如图 7.7 所示。这说明对于同步旋转行星而言，其背阳面如果是海洋，海冰可能不能增长到很厚，类似于地球两极的海冰，都只有几米的量级，不会很厚。值得注意的是，在一些封闭或者接近封闭的海盆里面，如死海或者红海，如果温度低于凝固点，海冰可以生长到非常厚，因为这里的海冰无法被有效地输送出去，只能在局地区域内不断增厚。

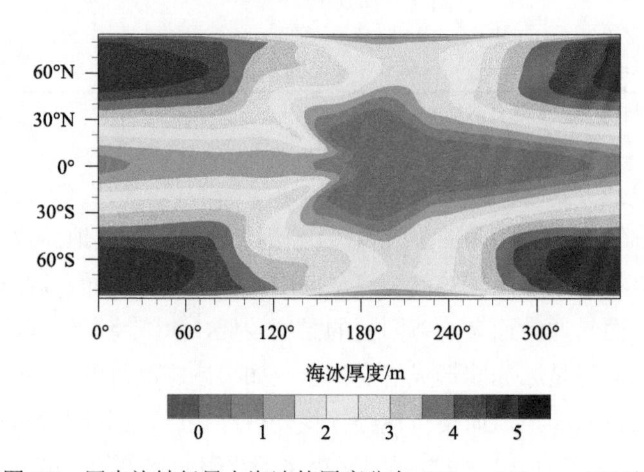

图 7.7 同步旋转行星上海冰的厚度分布（Hu and Yang，2014）

此外，如果背阳面被陆地覆盖，陆地上的积雪是不受海洋热量输送或者海冰流动控制的。这种情况下，积雪可以慢慢增厚，直到长成冰川。这是一个漫长的过程，但是长时间尺度来看依然是有效的。即使降雪速率只有 1 mm/d，也可以在 2700 个地球年内增长到 1000 m 的厚度。这种情况下，最终冰川可以禁锢住的水的体积主要取决于地表地热的强度、背阳面陆地的面积大小和冰川流动的速率。冰川在自身的重力作用下也可以“滑动”，只是速度比海冰小很多。使用二维的动力冰川模式模拟表明，假定背阳面都被陆地覆盖，地表地热强度是 1 W/m^2 时，冰川的厚度只有 100~200 m；当地表地热强度是 0.1 W/m^2 时，冰川的厚度可以达到近 2000 m；当地表地热强度是 0.01 W/m^2 时，冰川的厚度可以达到 6000~7000 m，见图 7.8。这说明，如果行星表面的含水量不是很高、地表

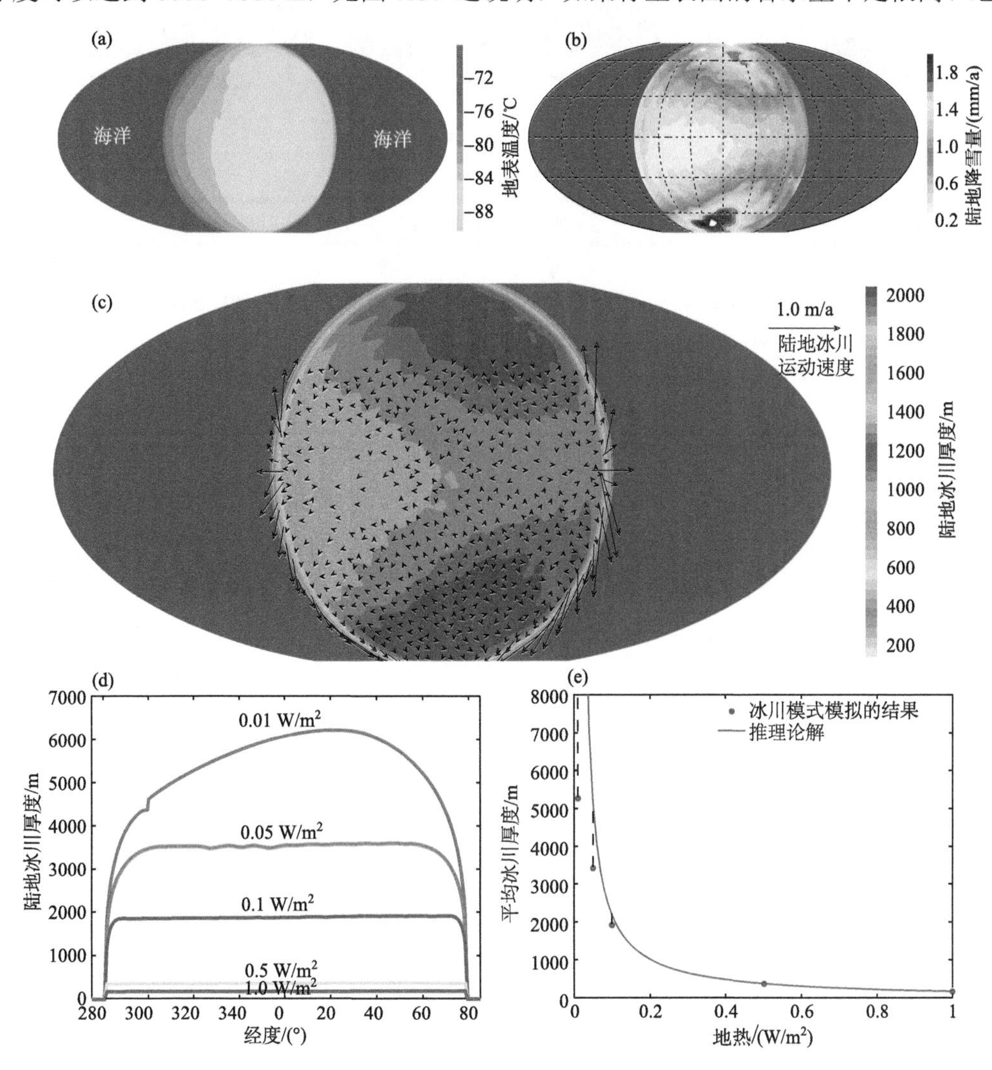

图 7.8　同步旋转行星上的气候和陆地冰川厚度（Yang et al., 2014）

背洋面都被陆地覆盖，向阳面都被海水覆盖

（a）地表温度；（b）陆地降雪量；（c）陆地冰川厚度及其运动速度（假定地热是 0.1 W/m^2）；（d）不同地热情况下，赤道区域的陆地冰川厚度；（e）面积平均的陆地冰川厚度随地热强度的变化

地热强度较弱，并且背阳面都被陆地覆盖，行星所有水都禁锢在背阳面是有可能的；但是不满足这三个条件时，行星上所有水都禁锢在背阳面[称为“water trapping”，图 7.9（c）]的可能性就非常小。值得指出的是，当系外行星上有板块构造运动时，其海陆分布将随着时间而演变，在这种情况下，背阳面可能时而被厚厚的冰川覆盖，时而被薄薄的海冰覆盖，对应向阳面的情况是时而基本没有海水、只有干旱的陆地，时而有海水。

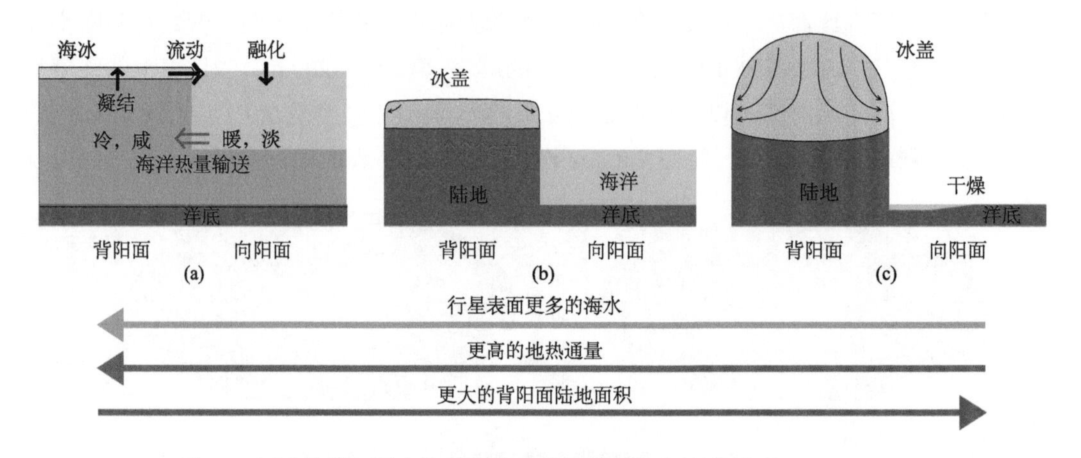

图 7.9 同步旋转行星上海冰和陆地冰川厚度的估计（Yang et al., 2014）

（a）薄冰世界；（b）冰盖-海洋共存的世界；（c）只有背阳面冰川的世界

（c）中背阳面只有少量的液态水，这些水源自冰川在背阳面流动，进而在向阳面融化

如果潮汐锁相行星的背阳面都被冰雪覆盖，而向阳面没有液态水，或者整颗行星都被冰雪覆盖，那么这种气候态对生命而言，尤其是对于高等生命，将会是非常严峻的挑战。但是，值得指出的是，这种情况下并不能完全排除行星宜居的可能性，因为火山口或者地热集中的局地区域依然可以存在液态水；或者当冰雪比较薄的时候，阳光可以刺透冰雪，达到冰雪以下的液态海水，光合自养生物可以存在。地球曾经极有可能进入过冰雪地球时期，但是并没有完全扼杀掉地球上的所有生命，并且每一次地球从冰雪世界逃离出来之后，都迎来了氧气的增多和生命的爆发。冰雪地球和氧气浓度增大之间的因果关系目前依然是一个巨大的谜团。

除水冰以外，背阳面还可以有干冰。当背阳面的温度足够低时，背阳面就有可能形成干冰，类似于火星的极地地区。干冰的厚度达到一定程度时，也可以形成冰山，进而流动。将来可以使用望远镜观测行星的反照率，无论是水冰，还是干冰，如果反照率很高，就可以推测行星的表面可能有冰。但是这种推测存在很大的不确定性，因为大气本身的散射、气溶胶的散射和云的散射都可以很大限度地提高行星的反照率，并不一定需要地表的反照率很高。另外，冰雪的反照率也取决于恒星的光谱、冰面上沙尘的多少、冰中气泡的大小、冰的形成过程、雪的厚度和年龄等。总之，冰雪的反照率通常较高，但是不一定很高。

在讨论系外行星冰冻圈时，一个首要问题是必须有水。而一颗行星是否有液态水取决于诸多因素。以地球系统为例，目前只有地球表面有液态水，金星和火星早期可能有液态水，但是现在都没有液态水了。金星早期的液态水可能都逃逸了，而火星表面的液态水可能进入到地表以下了。太阳辐射的强度随时间不断增大，每 1 亿年增大 0.6% 左右，因此金星形成初期可能有水，但是随着太阳不断变亮，金星大气发生了失控的温室效应状态（7.2 节），海水都逃逸了。金星早期有多少海水，又是什么时候逃逸的，目前还是一个谜。木星和土星等大气中有极少量的水汽。冥王星和木星的卫星欧罗巴等表面有水，但是都冻结了。雪线以外的行星或者卫星上如果有水，就应该以冰的形成存在；冰的下面可以有液态水，如欧罗巴的冰可能有上千米厚，冰下面的液态海洋可能有上万米深。

一个行星系统形成的初期，在大爆炸以后，氢和氧是可以形成水的。但是这些水是否能够保留下来取决于后期大气的演化过程。例如，如果行星受到很强的太阳风或者恒星风作用，而行星磁场又比较弱，行星大气是很容易被剥蚀掉的，或者如果恒星辐射在某段时间内特别强的话，行星大气就会发生失控温室效应。对于 M 类红矮星而言，这个问题显得特别严重。虽然红矮星比较小，但是其早期非常活跃，这导致其早期的辐射能量比后期大很多，如图 7.10 所示，早期的辐射能量比其进入主序期的辐射能量高 10~100 倍。对于太阳和 F 类比较亮的恒星而言，这种变化小很多。因此，红矮星周围的行星必需首先度过一段时间的极端炎热气候，才有后期宜居的可能性。现有研究表明，这类行星如果早期有水，这些水将会光解，光解之后的氢将逃逸出太空，而剩下的氧可以留在大气中或者与地表的物质发生氧化反应；这种情况下，大气中的氧气浓度可能可以达到几个甚至几十个地球大气压。值得注意的是，这些氧气并不是源自生命的光合作用，而是源自大气的光化学过程。这个例子同时也说明，即使一颗行星上有氧气，也不一定有生命，因为氧气的产生可以源自非生命过程。

据此，红矮星周围的行星是不是一定就不宜居呢？答案是依条件而定。在两种情况下，不会发生水汽逃逸。一种情况是行星的重力加速度特别大，海水足够多，以及磁场特别强，这可以使得发生失控温室效应的条件变得更加苛刻，同时使得恒星风的影响降低到最小，行星表面依然可以保留足够的液态水。另一种情况是行星早期远离主星，后期通过轨道迁移慢慢进入恒星的宜居带，这种情况下的行星并不会进入失控温室效应状态，也就不会发生显著的水汽逃逸过程。因此，在红矮星系统中寻找可能宜居的系外行星依然是可能的，也可能是最令人期待的。现有的大气和气候研究让我们对红矮星及其行星系统的认知更全面、更合理，也让我们更为准确和谨慎地去判断其宜居的可能性。

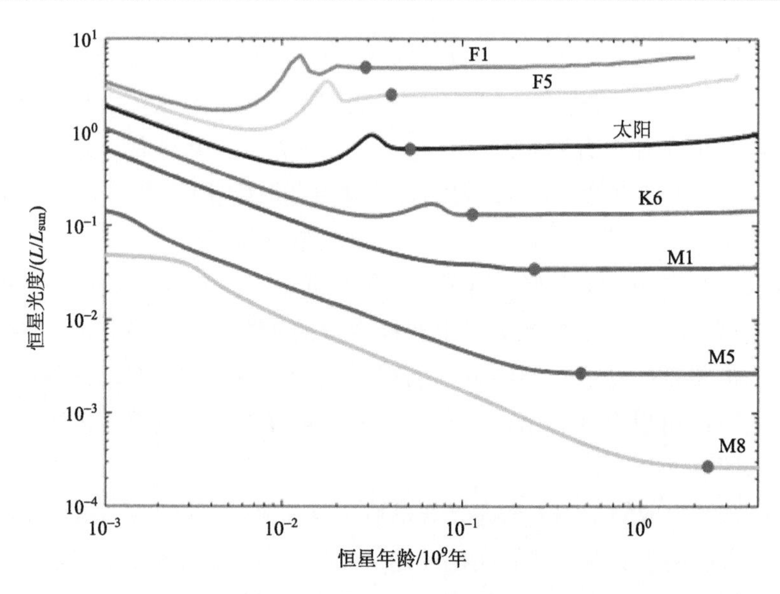

图 7.10 不同恒星的早期辐射能量随时间的演化

图片来源：https://www.researchgate.net/

7.4 冰星体的气候演化

冰星体（包括冰行星和冰卫星）在太阳系内普遍存在，如早期地球、木卫二、土卫二、冥王星，在太阳系外也应该普遍存在。处于宜居带外边界以外的行星，只要有水，就都会以冰和雪的形式存在，形成冰行星。冰行星的气候演化可以分为两类，一类是依靠火山喷发释放的CO_2在大气中不断累积；另一类是依靠恒星辐射不断变强时，行星接收到的短波能量不断增强。宜居带外的冰行星的气候演化主要和恒星辐射能量有关，而处于宜居带内的冰雪地球的气候演化主要和大气中CO_2循环有关。

对于第一种机制的理解是比较清楚的，主要源自科学家们对6亿~8亿年前冰雪地球假说的认知。地质和地球化学证据表明，在6亿~8亿年前的新元古代时期，地球很可能经历过至少两次冰雪地球事件。在冰雪地球期间，从赤道到极地的海洋都被上千米的冰覆盖，而陆地被厚厚的冰川覆盖，全球平均地表温度低于–50℃。冰雪地球时期海洋面上的冰不能被简单地称为海冰，而应该被称为海洋冰川（sea glacier），因为这种厚冰已经不能被风吹动了，也不能被洋流带动，冰与冰之间的连接也可能更加紧密（也就是相互之间的应力更大）。海洋冰川只能在自身的重力作用下变形而流动，非常类似于陆地冰川的流动。海洋冰川流动和陆地冰川流动的主要区别是：下边界不同，陆地冰川流动受到的陆地边界摩擦非常大，然而海洋冰川与海水之间的摩擦很小。冰雪地球事件对生命来讲就像一个黑暗的时间隧道，只有通过了这段隧道的生命才有可能繁衍，才能迎来寒武纪生命的大爆发。最新的分子生物学研究表明，寒武纪生命大爆发的发生时间和冰雪地球融化的时间刚好吻合，这说明两者之间有着某种内在联系，虽然这种联系过程是什么尚未清楚。

冰雪地球事件涉及诸多气候问题，其中最重要的问题就是：冰雪地球是如何形成的？它又是如何融化的？现有的辐射传输模式计算表明，冰雪地球形成所需要的 CO_2 浓度阈值为 100 ppmv 左右，如图 7.11 所示。新元古代时期，太阳辐射水平是现在的 94%左右。现在的地球如果想要进入冰雪世界，必须将 CO_2 浓度降低到接近零的水平。除 CO_2 浓度这一因素以外，地球气候系统中的许多过程都可以影响冰雪地球的形成条件，如冰雪反照率大小、水汽反馈、云反馈、大气环流强度、海洋热量输送强度，以及海冰运动的情况等，其中最为主要的因素就是冰雪反照率大小和海冰运动速率与方向。冰雪地球的形成是一个非线性过程，当冰雪线在南北纬 30°~90°时，冰雪线是稳定的：略微增加大气中 CO_2 浓度，冰雪线就会撤退一点，或者略微减少大气中 CO_2 浓度，冰雪线就会向前推进一点。但是，当冰雪线进入到南北纬约 30°以内时，冰雪线将变得不稳定，整个气候系统会进入一种不稳定状态，也就是说在南北纬 0°~30°没有稳定的气候态，要么冰雪线在 30°以外，要么全球冰封，即进入“冰雪地球”。这种不稳定性背后的机制是冰雪反照率反馈和地球的球形结构。值得指出的是，如果地球是柱形的或者恒星能量分布是 1∶1 潮汐锁相的，就不会有这种不稳定气候态出现，或者如果行星的自转周期很长（更为准确的是昼夜很长），这种不稳定气候态会减少很多。

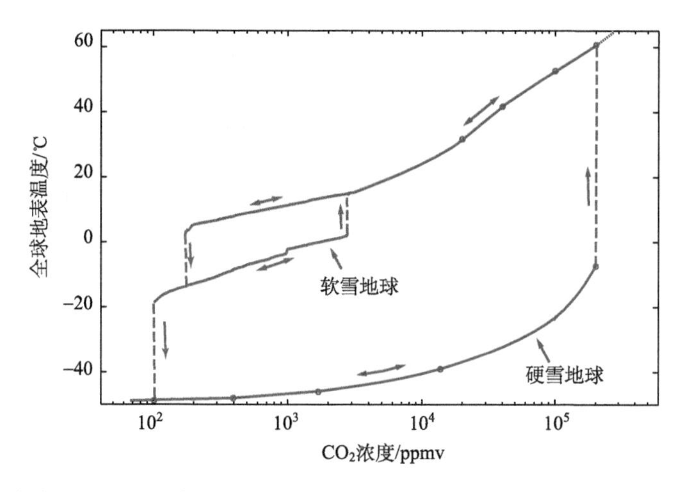

图 7.11　冰雪地球形成和融化过程中全球地表温度及对应的 CO_2 浓度（Liu and Peltier，2013）

蓝色线条是关于硬雪地球（hard snowball）的气候循环，红色线条是关于软雪地球（soft snowball）的气候循环

冰雪地球的融化需要的 CO_2 至少高达 0.38 bars。这是因为冰雪地球气候态下，地表反照率很高，并且大气中的水含量很少，非常干燥。除 CO_2 浓度以外，冰雪地球的融化还主要受地表反照率、云的辐射效应、大气水平热量输送的影响。

冰雪地球的持续时间可能达到百万年或者十个百万年量级，随着 CO_2 浓度不断累积，地表温度不断升高，直到热带区域的地表温度升高到零度附近，冰雪开始融化。一旦冰雪开始融化，地表反照率大大降低，更多的太阳辐射被地表吸收，地表温度进一步升高。与此同时，海洋中的水汽不断进入大气中，大气的温室效应强度增大，地表温度升高，即水汽正反馈。在这两种作用下，冰雪迅速融化，这个融化的时间尺度可能只有千年或者更短。所有冰雪融化之后，地球进入一个漫长的极端炎热气候，全球平均地表温度达到甚至超过 50℃。这是因为 CO_2 浓度很高，并且需要非常长的时间尺度才可以通过风化反应降低到现在地球或者比现在地球略高的水平，粗略的估算表明，这一时间尺度是十万年到百万年。随着风化反应的进行，大气中的 CO_2 浓度不断减小，地表温度降低，直到恢复到之前较为温暖、适宜的水平，整个行星又变得更为宜居。

关于冰星体融化的第二种机制是：恒星辐射不断变强时，行星接收到的短波能量不断增加。根据恒星演化理论，一颗恒星在其演化过程中，因其内部核聚变反应越来越强，其向外的辐射能量也就越来越强。过去学者们通常认为，随着恒星辐射的增强，原来的冰行星或冰卫星最终会融化，进而形成液态湖泊或海洋，从而可以孕育生命。但是，本章根据理论研究和大量的数值模拟提出：这类冰行星或冰卫星将直接进入极端炎热的温室逃逸状态。也就是说，它们的表面温度将迅速升高到 100℃以上，液态水因而无法维持，生命也无法存在，如图 7.12 所示。

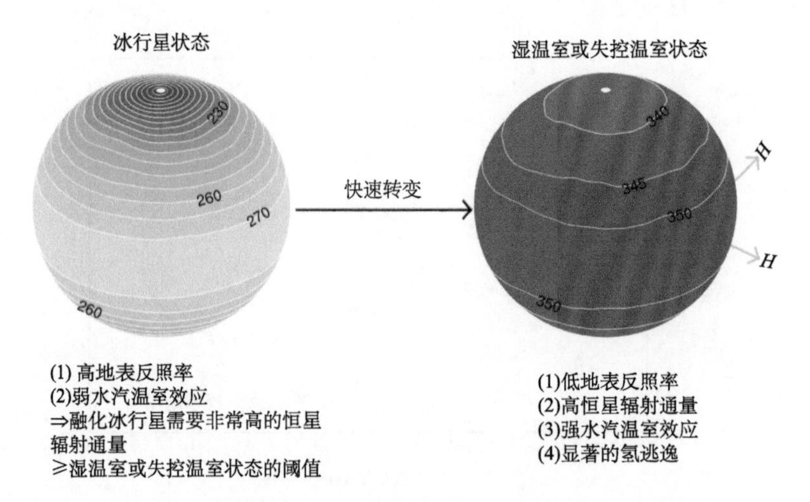

图 7.12 从冰行星气候态到湿温室气候态或者失控温室状态（Yang et al., 2017）

图中数字代表地表温度，单位为 K

随着恒星辐射增强，冰行星或卫星的气候态之所以发生突变，而不是平缓过渡到温和的宜居状态，是因为其表面反射恒星辐射能力急剧降低和大气温室效应急剧增强。冰雪能够把 60%~80%的恒星辐射反射回太空，而液态水的反射率不足 10%。一旦冰雪融化，行星地表反射率的突然降低使得其吸收恒星辐射的能力大大增强，从而导致地表温度急剧升高。同时，冰雪融化后，大量水汽进入大气中，水汽的强温室效应使得地表温度继续升高。在水汽正反馈效应的作用下，液态水将完全蒸发进入大气并被光解、逃逸到太空，直到行星表面的海洋和湖泊都变干。前人对这方面的研究没有严格地考虑冰雪反照率反馈和水汽反馈对冰雪世界融化及其之后气候的影响，因此得到了相反的结论，认为冰行星融化之后会变得宜居。

这种理论只适合 CO_2 浓度低、没有板块运动的行星或者卫星，不适合地球这种行星，也不适合慢速自转行星以及恒星辐射能量分布不同的潮汐锁相行星。如上所述，地球也有可能曾进入全球冰封的气候态，但是冰雪地球的融化靠的是火山喷发的 CO_2 在大气中的累积，而不是太阳辐射增强。CO_2 累积的时间尺度为百万年，太阳辐射增强为 10 亿年时间尺度，因此这两种情况下的行星气候演化途径是完全不同的。

思　考　题

1. 探测系外行星的方法有哪些？简要描述其原理。
2. 潮汐锁相行星的冰冻圈与地球冰冻圈有何异同？
3. 简要叙述决定太阳系外行星是否宜居的几个条件。

参 考 文 献

胡永云，田丰. 2014. 太阳系行星//陆埮. 现代天体物理(下). 北京: 北京大学出版社, 69-89.

胡永云，田丰，刘钧钧. 2014. 行星大气研究进展综述//黄荣辉，吴国雄，陈文，等. 大气科学和全球气候变化研究进展与前沿. 北京: 科学出版社, 290-333.

胡永云，闻新宇. 2005. 冰雪地球的研究进展综述. 地球科学进展, 20: 1226-1233.

金亚秋，法文哲. 2019. 行星微波遥感理论与方法. 北京: 科学出版社.

欧阳自远，李春来. 2015. 绕月探测工程科学目标专题研究. 北京: 科学出版社.

平劲松，黄倩，鄢建国，等. 2008. 基于嫦娥一号卫星激光测高观测的月球地形模型 CLTM-s01. 中国科学(G 辑: 物理学 力学 天文学), 38(11): 1601-1612.

Anderson J, Lau E, Sjogren W, et al. 1997.Europa's differentiated internal structure: Inferences from two Galileo encounters. Science, 276(5316):1236-1239.

Armitage P J. 2010. Astrophysics of Planet Formation. Cambridge: Cambridge University Press.

Armitage P J. 2015. Physical Processes in Protoplanetary Disks. arXiv preprint arXiv: 1509. 06382.

Ashkenazy Y, Gildor H, Losch M, et al. 2013. Dynamics of a snowball earth ocean. Nature, 495: 90-93.

Bagenal F, Dowling T E, McKinnon W B. 2004. Jupiter: The Planet, Satellites and Magnetosphere. New York: Cambridge University Press.

Bate R R, Mueller D D, White J E. 1971. Fundamentals of Astrodynamics. New York: Dover Publications.

Berner R A. 2004. The Phanerozoic Carbon Cycle: CO_2 and O_2. Oxford: Oxford University Press.

Bibring J P, Langevin Y, Mustard J F, et al. 2006. Global mineralogical and aqueous Mars history derived from OMEGA/Mars Express Data. Science, 312: 6.

Bibring J P, Langevin Y, Poulet F, et al. 2004. Perennial water ice identified in the South Polar Cap of Mars. Nature，428(6983): 627-630.

Boynton W V, Feldman W C, Squyres S W, et al. 2002. Distribution of hydrogen in the near surface of Mars: Evidence for subsurface ice deposits. Science, 297(5578): 81-85.

Brown M E. 2012. The compositions of Kuiper belt objects. Annual Review of Earth and Planetary Sciences, 40: 467-494.

Byrne S. 2009. The polar deposits of Mars. Annual Review of Earth and Planetary Sciences, 37: 535-560.

Byrne S, Dundas C M, Kennedy M R, et al. 2009. Distribution of mid-latitude ground ice on Mars from new impact craters. Science, 325(5948): 1674-1676.

Campbell D B, Campbell B A, Carter L M, et al. 2006. No evidence for thick deposits of ice at the lunar south pole. Nature, 443: 835-837.

Chabot N L, Ernst C M, Denevi B W, et al. 2012. Areas of permanent shadow in Mercury's south polar region ascertained by MESSENGER orbital imaging. Geophysical Research Letters, 39: L09204.

Clifford S M, Fisher D A, Rice J W. 2000. Introduction to the Mars Polar science special issue: Exploration platforms, technologies, and potential future missions. Icarus, 144(2): 205-209.

Colaprete A, Schultz P, Heldmann J, et al. 2010. Detection of water in the LCROSS ejecta plume. Science, 330(6003): 463-468.

Coustenis A, Tokano T, Burger M, et al. 2010. Atmospheric/exospheric characteristics of icy satellites. Space Science Reviews, 153: 155-184.

de Pater I, Lissauer J J. 2011. Planetary Science. New York: Cambridge University Press.

Deutsch A N, Head J W, Neumann G A, et al. 2016. Comparison of areas in shadow from imaging and altimetry in the north polar region of Mercury and implications for polar ice deposits. Icarus, 280: 158-171.

Deutsch A N, Neumann G A, Head J W. 2017. New evidence for surface water ice in small-scale cold traps and in three large craters at the north polar region of Mercury from the Mercury Laser Altimeter. Geophysical Research Letters, 44(18): 9233-9241.

Dougherty M, Esposito L W, Krimigis S M. 2009. Saturn from Cassini-Huygens. Dordrecht: Springer Science & Business Media.

Dundas C M, Bramson A M, Ojha L, et al. 2018. Exposed subsurface ice sheets in the Martian mid-latitudes. Science, 359(6372): 199-201.

Durham W, Prieto-Ballesteros O, Goldsby D, et al. 2010. Rheological and thermal properties of icy materials. Space Science Reviews, 153: 273-298.

Ehlmann B L, Edwards C S. 2014. Mineralogy of the Martian surface. Annual Review of Earth and Planetary Sciences, 30(42): 291-315.

Eke V R, Lawrence D J, Teodoro L. 2017. How thick are Mercury's polar water ice deposits. Icarus, 284: 407-415.

Evans D A, Beukes N J, Kirschvink J L. 1997. Low-latitude glaciation in the Palaeoproterozoic era. Nature, 386: 262-266.

Fa W, Cai Y. 2013. Circular polarization ratio characterstics of impact craters from Mini-RF observations and implications for ice detection at polar region of the Moon. Journal of Geophysical Research: Planets, 118: 1582-1608.

Falkner P, Peacock A, Schulz R. 2009. Instrumentation for planetary exploration missions. Treatise on Geophysics, 10: 595-641.

Faure G, Mensing T M. 2007. Introduction to Planetary Science. Dordrecht: Springer.

Ghienne J F, Desrochers A, Vandenbroucke T R A, et al. 2014. A Cenozoic-style scenario for the end-Ordovician glaciation. Nature Communications, 5.

Grasset O, Castillo-Rogez J, Guillot T, et al. 2017. Water and volatiles in the outer solar system. Space Science Reviews, 212: 835-875.

Harmon J K, Slade M A, Rice M S. 2011. Radar imagery of Mercury's putative polar ice: 1999-2005 Arecibo results. Icarus, 211: 37-50.

Haruyama J, Ohtake M, Matsunaga T, et al. 2008. Lack of exposed ice inside lunar South Pole Shackleton Crater. Science, 322(5903): 938-939.

Hayes A G. 2016. The lakes and seas of Titan. Annual Review of Earth and Planetary Sciences, 44: 57-83.

Hayward R K, Fenton L K, Titus M H, et al. 2010. Mars Digital Dune Database. MC-1: U.S. Geological Survey Open-File Report 2010-1170.

Hoffman P F, Kaufman A J, Halverson G P, et al. 1998. A Neoproterozoic snowball earth. Science, 281: 1342-1346.

Hu Y, Yang J. 2014. Role of ocean heat transport in climates of tidally locked exoplanets around M dwarf stars. Proceedings of the National Academy of Sciences, 111(2): 629-634.

Hu Y, Yang J, Ding F, et al. 2011. Model-dependence of the CO_2 threshold for melting the hard Snowball Earth. Climate of the Past, 7: 17-25.

Hyde W T, Crowley T J, Baum S K, et al. 2000. Neoproterozoic "snowball Earth" simulations with a coupled climate/ice-sheet model. Nature, 405: 425-429.

Ingersoll A P, Ewald S P, Trumbo S K. 2019. Time variability of the Enceladus plumes: Orbital periods, decadal periods, and aperiodic change. Icarus, 344: 113345.

Kasting J F, Whitmire D P, Reynolds R T. 1993. Habitable zones around main sequence stars. Icarus, 101: 108-128.

Keller H U, Grieger B, Küppers M,et al. 2008. The properties of Titan's surface at the Huygens landing site from DISR observations.Planetary and Space Science, 56(5) :728-752.

Kieffer H H. 2007.Cold jets in the Martian polar caps. Journal of Geophysical Research, 112:E08005.

Kim K J, Hasebe N. 2012. Nuclear planetology: Especially concerning the Moon and Mars. Research in Astronomy and Astrophysics, 12(10): 1313-1380.

Langseth M G, Keihm S J, Peters K. 1976. The revised lunar heat-flow values//Lawson S L, Jakosky B M. Proceedings of the 7th Lunar and Planetary Science Conference, 7: 3143-3171.

Laskar J, Levrard B, Mustard J. 2002. Orbital forcing of the martian polar layered deposits. Nature, 419: 375-377.

Lawrence D J. 2017. A tale of two poles: Toward understanding the presence, distribution, and origin of volatiles at the polar regions of the Moon and Mercury. Journal of Geophysical Research: Planets, 122: 21-52.

Leighton R B, Murray B C. 1966. Behavior of carbon dioxide and other volatiles on Mars. Science, 153(3732): 136-144.

Lewis J. 2015. Physics and Chemistry of the Solar System. Burlington, San Diego, London: Elsevier, Academic Press.

Li C, Wang C, Wei Y, et al. 2019. China's present and future lunar exploration program. Science, 80(365): 238-239.

Li D W, Pierrehumbert R T, 2011. Sea glacier flow and dust transport on Snowball Earth. Geophysical Research Letters, 38(17): L17501.

Liu P, Liu Y, Peng Y R, et al. 2020b. Large influence of dust on the Precambrian climate. Nature Communications, 11: 4427.

Liu Y, Peltier W R. 2013. Sea level variations during snowball Earth formation: 1. A preliminary analysis. Journal of Geophysical Research: Solid Earth, 118(8): 4410-4424.

Liu Y, Peltier W R, Yang J, et al. 2017. Strong effects of tropical ice-sheet coverage and thickness on the hard snowball Earth bifurcation point. Climate Dynamics, 48: 3459-3474.

Liu Y, Yang J, Bao H, et al. 2020a. Large equatorial seasonal cycle during Marinoan snowball Earth. Science Advances, 6: eaay2471.

Lopes R M C, Kirk R L, Mitchell K L, et al. 2013. Cryovolcanism on Titan: New results from Cassini RADAR and VIMS.Journal of Geophysical Research,Planets,118(3):416-435.

Lorenz R D, Stiles B W, Kirk R L, et al. 2008. Titan's rotation reveals an internal ocean and changing zonal winds. Science, 319(5870): 1649-1651.

Lyons T W, Reinhard C T, Planavsky N J. 2014. The rise of oxygen in Earth's early ocean and atmosphere. Nature, 506: 307-315.

Masursky H, Boyce J M, Dial A L, et al. 1977. Classification and time of formation of Martian channels based on Viking data. Journal of Geophysical Research, 82(28): 4016-4038.

Mazarico E, Neumann G A, Smith D E, et al. 2011. Illumination conditions of the lunar polar regions using LOLA topography. Icarus, 211: 1066-1081.

McKinnon W, Pappalardo R, Khurana K. 2009. Europa: Perspectives on an ocean world. Tucson: University of Arizona Press.

Mischna M A, Richardson M I, Wilson R J, et al. 2003. On the orbital forcing of Martian water and CO_2 cycles: A general circulation model study with simplified volatile schemes. Journal of Geophysical

Research: Planets, 108(E6): 5062.

Montanez I P, Poulsen C J. 2013. The late paleozoic ice age: An evolving paradigm. Annual Review of Earth and Planetary Sciences, 41: 629-656.

Nakajima M, Ingersoll A P. 2016. Controlled boiling on Enceladus. 1. Model of the vapor-driven jets. Icarus, 272: 309-318.

Neugebauer G, Münch G, Kieffer H, et al. 1971. Mariner infrared radiometer results: Temperatures and thermal properties of the Martian surface. Astronomical Journal, 76(4): 719-749.

Nimmo F, Hamilton D P, McKinnon W B.2016. Reorientation of Sputnik Planitia implies a subsurface ocean on Pluto. Nature, 540(7631): 94-96.

North G R. 1975. Theory of energy-balance climate models. Journal of Atmospheric Sciences, 32(11): 2033-2043.

Nozette S, Lichtenberg C L, Spudis P, et al. 1996. The Clementine bistatic radar experiment. Science, 274(5292): 1495-1498.

Owen T, Biemann K, Rushneck D R, et al. 1977. The composition of the atmosphere at the surface of Mars. Journal of Geophysical Research, 82(28): 4635-4639.

Paige D A, Ingersoll A P. 1985. Annual heat balance of Martian polar caps: Viking observations. Science, 228(4704): 1160-1168.

Paige D A, Kieffer H H. 1986. Non-linear frost albedo feedback on Mars: Observations and models//MECA Workshop on the Evolution of the Martian Atmosphere. Washington,33.

Paige D A, Siegler M A, Harmon J K, et al. 2013. Thermal stability of volatiles in the north polar region of Mercury. Science, 339(6117): 300-303.

Paige D A, Siegler M A, Zhang J A, et al. 2010. Diviner Lunar radiometer observations of cold traps in the Moon's South Polar Region. Science, 330(6003): 479-482.

Peltier W R, Liu Y G, Crowley J W. 2007. Snowball Earth prevention by dissolved organic carbon remineralization. Nature, 450: 813-818.

Picardi G, Plaut J J, Biccari D, et al. 2005. Radar soundings of the subsurface of Mars. Science, 310: 1925-1928.

Royer D L, Berner R A, Montanez I P, et al. 2004. CO_2 as a primary driver of Phanerozoic climate. GSA Today, 14: 4-10.

Ruesch O, Platz T, Schenk P, et al. 2016. Cryovolcanism on Ceres. Science, 353 (6303): DOI: 10.1126/science. aaf4286.

Russell C T, Raymond C A, Ammannito E, et al. 2016. Dawn arrives at Ceres: Exploration of a small, volatile-rich world. Science, 353(6303): 1008-1010.

Shackleton N J. 1987. The carbon isotope record of the Cenozoic: History of organic carbon burial and of oxygen in the ocean and atmosphere//Brooks J , Fleet A J. Marine Petroleum Source Rocks. Geological Society Special Publication, 26: 423-434.

Showman A P, Malhotra R. 1999. The galilean satellites. Science, 286(5437): 77-84.

Shu F H, Adams F C, Lizano S. 1987. Star formation in molecular clouds: Observation and theory. Annual Review of Astronomy and Astrophysics， 25(1): 23-81.

Smith B A, Soderblom L A, Beebe R, et al. 1979. The Galilean satellites and Jupiter: Voyager 2 imaging science results. Science,206(4421): 927-950.

Smith D E, Zuber M T, Frey H V, et al. 2001. Mars Orbiter Laser Altimeter: Experiment summary after the first year of global mapping of Mars. Journal of Geophysical Research: Planets, 106(E10): 23689-23722.

Smith I B, Diniega S, Beaty D W, et al. 2018. 6th international conference on Mars polar science and

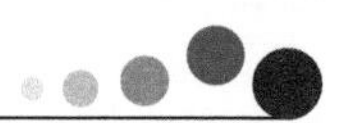

exploration: Conference summary and five top questions. Icarus, 308: 2-14.

Spencer J R, Nimmo F. 2013. Enceladus: An active ice world in the Saturn system. Annual Review of Earth and Planetary Sciences, 41: 693-717.

Spohn T, Breuer D, Johnson T V. 2014. Encyclopedia of the Solar System. 3rd ed. Netherlands: Elsevier Press.

Spudis P D, Bussey D B J, Baloga S M, et al. 2010. Initial results for the north pole of the Moon from Mini-SAR, Chandrayaan-1 mission. Geophysical Research Letters, 37: L06204.

Spudis P D, Bussey D B J, Baloga S M, et al. 2013. Evidence for water ice on the Moon: Results for anomalous polar craters from the LRO Mini-RF imaging radar. Journal of Geophysical Research: Planets, 118: 2016-2029.

Stern S A, Bagenal F, Ennico K, et al. 2015. The Pluto system: Initial results from its exploration by New Horizons. Science, 350: aad1815.

Stevenson D J. 2000. Planetary science—A space odyssey. Science,287(5455): 997-1005.

Stofan E R, Elachi C, Lunine J I, et al. 2007. The lakes of Titan. Nature, 445: 61.

Taylor S R, McLennan S, 2009. Planetary Crusts: Their Composition, Origin and Evolution. Cambridge: Cambridge University Press.

Thomas P. 2008. Les calottes polaires de Mars: Rappels, bilan des 10 dernières années d'observation. http://planet-terre. ens-lyon. fr/article/calotte-polaire-Mars-2008. xml.[2008-05-14].

Umurhan O M, Howard A D, Moore J M, et al. 2017. Modeling glacial flow on and onto Pluto's Sputnik Planitia. Icarus, 287: 301-319.

Wei Q, Hu Y, Liu Y, et al. 2018. Young surface of Pluto's Sputnik Planitia caused by viscous relaxation. Astrophysical Journal Letters, 856(1): L14.

Wu Y, Xue B, Zhao B, et al. 2012. Global estimates of lunar iron and titanium contents from the Chang'E-1 IIM data. Journal of Geophysical Research: Planets, 117: E02001.

Yang J, Ding F, Ramirez R M, et al. 2017. Abrupt climate transition of icy worlds from snowball to moist or runaway greenhouse. Nature Geoscience, 10(8): 556-560.

Yang J, Liu Y, Hu Y, et al. 2014. Water trapping on tidally locked terrestrial planets requires special conditions. The Astrophysical Journal Letters, 796(2): L22.